CHASSE & PÊCHE

(Secrets Importants)

LIVRE INDISPENSABLE

CHASSEURS & AUX PÊCHEURS

PAR

DELPHIN DASTUGUE

PARIS

A. DURAND ET PEDONE-LAURIEL

9, rue Cujas.

1867

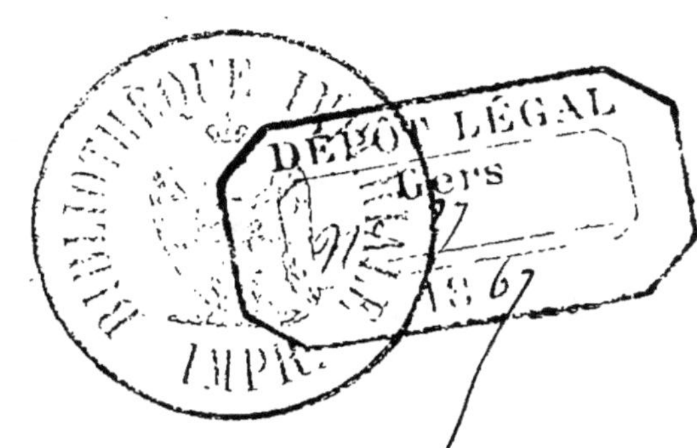

CHASSE & PÊCHE

Auch, impr. et lith. Félix Foix.

CHASSE & PÊCHE

(Secrets Importants)

LIVRE INDISPENSABLE

AUX CHASSEURS & AUX PÊCHEURS

PAR

Delphin DASTUGUE

Cadeau pour un ami, si on n'est ni chasseur ni pêcheur.

PARIS

A. DURAND ET PEDONE-LAURIEL

9, rue Cujas.

—

1867

1868

VÉNERIE

La chasse du Lièvre est traitée à fond, expliquée dans toutes ses ruses et dans tous ses détails,
      Soit aux chiens courants,
      Soit au chien d'arrêt,
      Ainsi que la chasse du lièvre au gite.

PÊCHE A LA LIGNE

Je l'ai tellement simplifiée qu'il ne faut plus ni adresse, ni patience.
Il ne faut que des précautions.
Celui qui n'a jamais touché une ligne prendra autant de poissons que les plus habiles pêcheurs.

Avis aux Dames.

LISEZ D'ABORD CETTE LETTRE.

Monsieur,

Vous avez le permis de chasse, donc vous êtes chasseur, et à ce titre je suis de vos amis, car j'aime les chasseurs.

Je veux vous être utile, mais très utile, croyez-le bien, en vous apprenant *à bien tirer en peu de jours*, si vous êtes un novice, à *modifier* et *perfectionner* votre tir, si vous êtes déjà bon tireur, et *à chasser avec méthode*, pour tuer beaucoup de gibier.

Sachez donc que j'ai fait un livre de chasse, un *bon petit livre*, que je n'ai pas fait éditer, parce que les éditeurs sont des loups-cerviers qui veulent tout pour eux; que je n'ai pas mis en vente, pour qu'il ne puisse pas tomber entre les mains du premier venu, afin de ne pas augmenter le nombre des braconniers beaucoup trop nombreux déjà; et enfin, pour le réserver exclusivement à Messieurs les chasseurs qui ont pris le permis de chasse.

Pour vous donner une idée de mon livre, je vous en envoie *un extrait* qui est le traité le plus complet qui ait jamais été fait et que l'on puisse faire sur la chasse du lièvre.

Je vous l'envoie, croyant vous être agréable, dans le cas surtout où, comme tant d'autres, vous n'aimeriez que cette chasse, et où vous voudriez vous en tenir là; dès lors, l'autre partie du volume vous serait inutile.

J'ai cru devoir aussi vous envoyer un excellent petit cours de pêche, parce que tous les chasseurs, en général, aiment la pêche quand la chasse est prohibée.

Je vends le tout 1 fr. 50 c. que je vous prie de m'envoyer, persuadé d'avance que vous en serez satisfait, en timbres-poste *sous enveloppe affranchie*, avec votre adresse, pour que je sache qui me les envoie.

Je compte pour cela sur la délicatesse de tous les chasseurs; et si, contre mon attente, cette brochure ne vous plaisait pas, et que vous ne voulussiez pas la garder pour la modique somme de 1 fr. 50 c., vous n'auriez qu'à me la retourner immédiatement par la poste en l'affranchissant moyennant 10 ou 15 centimes.

La lecture de ce livre les vaut grandement. Me le retourner sans l'affranchir, ce serait me faire dépenser *mal à propos* 2 ou 3 francs de port. — N'oubliez donc pas de l'affranchir.

Il pourra arriver que l'on envoie ce livre par mégarde à des personnes qui ne chassent pas, mais n'ont-elles pas un ami, un chasseur ou un pêcheur qui leur sera reconnaissant de ce petit cadeau, ou bien, n'ont-elles pas des enfants ou des neveux qui, plus tard, seront enchantés d'avoir ce livre qui leur rendra le plus grand service?

Oui, j'ai la confiance que pas un de tous ceux qui en auront lu quelques pages ne le refusera.

Aussi vous prierai-je, Monsieur, d'agréer les vœux que je fais pour que vous trouviez à la chasse et à la pêche toutes les jouissances qu'elles promettent, mais qu'elles ne tiennent qu'aux vrais amateurs.

Voici mon adresse: M. Dastugue, avocat, maire à Castelnau-Magnoac, chef-lieu de canton, Hautes-Pyrénées.

1*

Nota. — Le volume sera envoyé *franco*, par le retour du courrier, à toute personne qui m'enverra 2 francs en timbres-poste. (Affranchir.)

Que votre adresse soit très lisible.

LIVRES DE CHASSE.

Je ne saurais trop recommander à tous les chasseurs de se munir de bons livres de chasse, car ils sont véritablement précieux, beaucoup plus utiles qu'on ne le pense.

Un bon chasseur, pour si fort qu'il soit, pour si habile qu'il se croie, est loin de connaître toutes les ruses de la chasse. Il ne les a pas étudiées pour toute espèce de gibier.

Tel qui connaîtra bien la chasse du lièvre ne connaîtra pas celle des perdreaux dans les pays où elle est difficile, et tel qui connaîtra la chasse des perdrix ne connaîtra pas bien celle de la bécasse, des palombes, etc., etc.

Avec un bon livre de chasse, on les connaît toutes. C'est un immense service qu'il peut rendre à tous les chasseurs sans exception, mais principalement a tous les commençants qui, pendant longtemps, vont s'éreinter tous les jours pour ne rien faire, pour ne rien tuer, pour jeter, comme l'on dit, la poudre aux moineaux.

Un bon livre vous apprend à tirer, à chasser avec méthode, à tuer beaucoup de gibier; il vous épargne bien des sueurs, bien des fatigues... Il vous fait économiser beaucoup de plomb et de poudre, et vous donne cette jouissance, à nulle autre comparable, de revenir toujours le carnier rebondi.

Il vous prémunit aussi contre les accidents si nombreux qui arrivent tous les jours à la chasse.

Et cependant il y a très peu de chasseurs, dans notre pays surtout, qui aient un livre de chasse; ils ne se doutent même pas qu'il y en ait.

Moi-même, je ne m'en doutais pas, et quand j'ai eu l'idée d'en faire un, je croyais véritablement venir combler une grande lacune.

Je l'ai donc fait sans en avoir jamais lu aucun; aussi mon livre ne ressemble-t-il à aucun autre.

Je ne l'avais fait, non plus, que pour mon fils à qui je voulais laisser un manuscrit sans avoir la pensée de le livrer au public.

Depuis qu'il est imprimé, j'ai appris qu'on en était inondé. J'ai lu tous ces livres de chasse. — Je ne change rien au mien, et je peux dire qu'il y en a pour tous les goûts.

Il en est où vous trouverez la description de tous les chiens du monde, de tous les genres de fusil, de toutes les pièces qui les composent, beaucoup mieux que ne saurait vous le dire le meilleur arquebusier de France et de Navarre; vous y trouverez un cours complet d'histoire naturelle, jusqu'à vous dire le plumage de chaque volatile, comment ils ont tous, et chacun en particulier, le bec et les ongles, *ce qui n'apprend rien aux chasseurs;* vous y trouverez, enfin, de brillantes descriptions de chasse dans les forêts domaniales, - des épisodes incroyables, des anecdotes brillantes et variées, mais où se trouvent noyés ou perdus les véritables principes cynégétiques.

Achetez ces livres et placez-les dans votre bibliothèque, ils pourront y occuper une place distinguée.

Ne voulez-vous, au contraire, qu'un livre de chasse pratique, didactique, mais renfermant tous les vrais principes de la chasse, toutes les règles, tous les préceptes, procurez-vous mon livre, et tenez-le avec votre permis de chasse dans une des poches de votre carnier :

c'est le vade mecum du chasseur.

Il vous en apprendra plus dans une heure que vous n'en sauriez dans 10 années d'une pénible expérience.

Voici, du reste, sur mon livre, l'opinion du rédacteur en chef du *Courrier du Gers* qui l'a apprécié comme chasseur, car c'est un chasseur émerite que M. Sabatier. Je copie le passage de la lettre qu'il m'a fait l'honneur de m'écrire à ce sujet sans crainte d'être démenti :

« Monsieur,

» Ce n'est pas en homme de lettres, c'est en chasseur que je vous écris.

» Merci de votre excellent livre, merci au nom de tous les chasseurs jeunes et vieux.

» Je crois avoir dans ma bibliothèque la plus grande partie des ouvrages qui traitent de la chasse, depuis la maison rustique du xviiie siècle, jusqu'au guide du chasseur de M. Cass...

» Tous ces livres sont, en général, un tissu de fastidieuses anecdotes de chasse dans lesquelles on a délayé plus ou moins habilement les règles et les principes les plus vulgaires. C'est toujours la même rengaîne, un vieux chasseur racontant

» ses exploits héroïques dans un style pseudo-
» mantique.

» Tel n'est pas *votre chasseur*, et je vous en fé-
» licite. J'ai prétendu, et je prétends encore, que
» c'est bien le meilleur ouvrage sur ce sujet qui ait
» encore paru.

» Vous n'avez pas fait un gros volume, vous
» avez eu raison. C'est un manuel, un *vade mecum*
» qu'on doit pouvoir loger dans sa poche en allant
» aux champs. Votre manière d'exposer les princi-
» pes me plaît. C'est toujours l'affaire de quatre
» mots; de cette façon, on ne fait pas de gros livres,
» mais on les fait bons.

» Et cependant, le vôtre n'est ni aride ni fatigant
» à la lecture. De ligne en ligne, on y apprend du
» nouveau; c'est clair, c'est précis, et toujours
» solide.

» Maintenant que j'ai lu votre œuvre, je ne dé-
» sespère pas de devenir aussi fort chasseur que
» vous.

. . . .

» Dépêchez-vous d'envoyer cela à un bon édi-
» teur de Paris. Vous serez apprécié, et j'ose vous
» promettre du succès.

» On publie pas mal de livres sur la chasse, mais

» j'en vois à peine un ou deux qui méritent d'être
» lus. Je suis certain que le vôtre aura les suffra-
» ges de tous les bons chasseurs.

» Veuillez agréer, etc., etc. »

Et maintenant, vous le dirai-je? je brûle d'envie de relever certaines opinions hasardées, pour ne pas dire de grandes erreurs, que je trouve chez les auteurs même les plus recommandables. Mais les sentiments de bonne confraternité me retiennent, et je me borne à vous renvoyer à la différence des principes opposés que vous trouverez dans mon livre et dans cette brochure. Ce sera ma seule réfutation — vous n'avez qu'à les comparer.

A MM. LES CHASSEURS.

Je connais la chasse du lièvre, comme très peu de chasseurs la connaissent, et, comme ce n'est pas un mérite, j'ose le dire sans vanité et sans crainte d'être démenti ni d'être taxé de forfanterie.

J'ai beaucoup chassé, bien observé, bien étudié toutes les ruses de la chasse, notamment celle du lièvre, que je connais à fond, et combien de chasseurs qui liront cet opuscule vont être étonnés de se trouver écoliers après vingt années d'une pénible expérience!

Il en est très peu qui aient fait toutes les observations que comporte la chasse du lièvre, et cependant, si l'on veut chasser avec agrément et avec fruit, il est essentiel de connaître les habitudes de ce petit animal, qui ruse sans cesse pour échapper à la poursuite des chiens et des chasseurs.

Mon livre contient une excellente méthode de tir, au moyen de laquelle on est sûr de bien tirer dans peu de jours, et de tels principes de chasse qu'on la connaît à fond en très peu de temps.

— On est habile chasseur *en débutant*. — Tous les articles y sont traités comme celui du lièvre; c'est à vous, Messieurs, de voir s'il vous convient.

J'entre donc en matière.

LIÈVRE.

Pour la chasse du lièvre, il y a des principes généraux que tout bon chasseur doit connaître :

1º Un des plus importants de tous, et qui *sur 100* chasseurs *est ignoré de 90,* c'est qu'un lièvre NE SE GÎTE JAMAIS SANS AVOIR REFOULÉ SA VOIE.

C'est un principe que je donne comme certain, et dont la connaissance est très précieuse par les conséquences qu'on en doit tirer tous les jours, à toutes les chasses.

2º Un levraut, pour si jeune qu'il soit, fait cette même ruse.

3º Un lièvre blessé qui veut s'arrêter fait encore cette ruse s'il lui reste assez de forces.

4º Un lièvre qui ne veut pas *se mettre* suit le milieu des chemins.

5º Un lièvre, au contraire, qui veut *se mettre* suit

les côtés des chemins, et, de préférence, les ornières, ces traces profondes laissées par les roues des
chars, comme s'il voulait y cacher les empreintes
de ses pattes.

Tous les lièvres rusent avant de se mettre; ils
vont un peu plus loin que l'endroit où ils veulent
se gîter.

En allant, ils vont doucement, ils regardent de
tous côtés pour étudier l'endroit et pour s'assurer
de n'être pas vus, puis ils reviennent avec une
grande vitesse en faisant des bonds extraordinaires
vers l'endroit qu'ils ont choisi. Ils sautent à droite
et à gauche, et au dernier bond, qui est le plus
grand de tous, ils se blottissent.

Il est aisé de comprendre que, lorsqu'ils reviennent ainsi, ils laissent à la terre, quand elle est humide, les empreintes des ongles plus profondes et
plus apparentes.

Si donc vous trouvez de telles empreintes sur les
côtés d'un chemin ou d'un large sentier, principalement sur les ornières, vous pouvez dire que le
lièvre n'est pas loin. Il sera du côté des empreintes.

De même, si vous trouvez dans un guéret ou
dans un jeune blé des empreintes qui se croisent

et dont celles d'une direction soient plus apparentes que celles de l'autre, *vous êtes sur un refoulé,* c'est-à-dire *tout près du lièvre.* Allez droit aux plus apparentes, et regardez bien de tous côtés, vous le verrez au gîte.

Il faut aussi regarder la direction des empreintes, car il y a toujours une déviation vers l'endroit où il veut se blottir, surtout si d'un chemin il saute sur un tertre, comme cela arrive très souvent vers la St-Martin, aux mois d'octobre et novembre.

Un bon chasseur reconnaît les empreintes du lièvre sur la poussière presque aussi bien que sur la neige ou sur la boue.

6° Un lièvre qui vient d'être lancé va toujours en avant en décrivant plus ou moins de lignes courbes, c'est-à-dire que, jusqu'à ce qu'il ait fait sa randonnée, il ne recule qu'autant qu'il y est forcé par la rencontre de quelque obstacle ou par la poursuite de quelque chien.

7° Un lièvre, au contraire, qui a fait sa randonnée, *ne pense plus qu'à reculer.* Ses forces s'épuisent, et il refoule sa voie pour déconcerter les chiens.

— Voilà des principes que j'ose dire NOUVEAUX pour la plupart des chasseurs qui ont vieilli à la tâche, et qu'il est pourtant bien essentiel de connaître.

8º Un lièvre bien couru revient toujours au lancé. Il fait ce qu'on appelle sa RANDONNÉE.

9º Il faut savoir où se tiennent les lièvres à toutes les époques de l'année.

10º Il faut savoir les chercher d'après le temps qu'il fait ou qu'il a fait *pendant la nuit.*

11º Quand un lièvre part, il faut savoir dire en le voyant si c'est un mâle ou une femelle.

12º Il faut le connaître, même sans le voir, à la manière dont il se dérobe.

13º La hase ne court pas comme le bouquin, elle ruse davantage.

14º Un levraut ne pique pas droit comme un vieux lièvre; — il ne fait que rôder.

15º Le lièvre se tient et se fait toujours battre à l'opposé du vent.

16º Le lièvre monte toujours plutôt qu'il ne descend.

Vous devez donc, autant que possible, vous placer au-dessus de l'endroit où vous supposez que le lièvre va partir, soit sur quête, soit au chien d'arrêt, et regardez toujours d'avance l'endroit où il devra passer *et le point où vous devrez le tirer.*

Par ce moyen, vous ne vous presserez pas autant et vous réussirez beaucoup mieux.

17° Un lièvre qui est entré dans un taillis ou dans un enclos pour se gîter ressort toujours, quand on le lance, à l'endroit par lequel il est entré.

18° Au contraire, un lièvre blessé ou seulement dérangé pendant le jour et qui entre dans une vigne close ou dans un enclos quelconque ne revient jamais à l'endroit de son entrée.

19° Il faut savoir distinguer les crottins du mâle d'avec ceux de la femelle.

20° La femelle est casanière.

21° Le mâle court beaucoup pendant la nuit.

22° La femelle est plus fidèle à son gîte et le fait plus profond.

23° Elle y revient pendant longtemps, et ne le quitte que lorsqu'elle y a été épouvantée.

24° On peut l'y faire lever deux ou trois fois sans qu'elle le quitte, pourvu qu'on ne l'y épouvante pas.

25° Le mâle est plus inconstant; son gîte est fait avec moins de soin, et il le quitte plus facilement.

26° Le lièvre a ordinairement plusieurs gîtes, qu'il occupe selon le temps.

Si donc vous connaissez trois ou quatre gîtes d'un lièvre, ayez le soin de les visiter de temps en temps, vous finirez toujours par le trouver à l'un de ces gîtes *s'il n'a pas été tué.*

Tels sont les principes les plus saillants; quelques autres trouveront leur place dans le cours de la discussion.

Chiens courants.

Je ne vous dirai point quels sont les meilleurs chiens courants. Il en est de très bons dans toutes les races; l'essentiel est de les bien dresser ou de les bien choisir quand on les achète.

On a raison de dire qu'il ne faut disputer ni des goûts ni des couleurs. Les uns les veulent grands, les autres petits; les uns les veulent à poil fort, les autres à poil ras, et moi, qui ne suis pas si difficile, je les veux tous; pourvu qu'ils soient bons, peu m'importe la race.

J'aime bien ces magnifiques chiens bleus comme chiens d'équipage; mais que vous ont fait ces petits briquets pas plus gros que le poing, qui ont de grands yeux pleins d'intelligence et qui sont infatigables, que l'on voit presque toujours à la tête des plus grandes meutes?

Ils sont d'une petite dépense et doivent être les chiens de ceux qui visent à l'économie.

Les gens riches préfèrent les grands chiens, et ils ont raison. Ils ont de plus belles gorges, c'est plus de luxe, c'est plus imposant.

Mais pour bien courir et pour avoir une musique variée, j'aime assez le mélange.

Ces petits chiens sont plus actifs, moins vite fatigués que les autres; ils travaillent toujours, et avec eux un lièvre n'est jamais perdu.

Meute.

Il n'est pas nécessaire d'avoir une grande meute. On chasse très bien avec trois bons chiens.

Avec cinq on chasse à merveille; on dirait que j'aime le nombre impair, et c'est vrai pour les petites meutes seulement.

Mais si l'on veut chasser en grand seigneur.... si

l'on veut avoir tous les agréments de la chasse, il n'est pas trop de 15 à 20 chiens.

Le lièvre est plus tôt forcé: Cette grande musique si agréable pour nous est infernale pour lui.... La frayeur le saisit, il pique droit, n'ayant pas le temps de faire des ruses, et quand les forces commencent à lui manquer et qu'il refoule sa voie, les défauts sont plus tôt relevés. Sur tant de chiens, si ce n'est pas l'un c'est l'autre qui a bientôt fait la reprise.

Il faut avoir de bons Chiens.

Si vous êtes riches, n'ayez jamais que de bons chiens, *des chiens faits, rusés* et *bien réglés.* Vous chasserez toujours avec plus d'agrément.

Un mauvais chien, s'il est trop raide, suffit pour déranger tout une meute.

N'ayez qu'un chien de tête, mais ayez tous les chiens du même pied.

Ne regrettez pas l'argent pour avoir des chiens bien dressés.

Quant à vous, Messieurs, qui devez être plus

modestes et qui voulez dresser vos chiens, vous n'avez qu'à suivre les principes suivants :

Commencez d'abord par les rendre très soumis quand ils sont jeunes, et par les habituer à venir à vous au claquement du fouet.

Manière d'élever et de former les jeunes Chiens courants.

Ce n'est pas en les faisant chasser indistinctement dans les fourrés ou dans les guérets et en les menant indistinctement au lièvre ou au lapin que l'on peut former les jeunes chiens.

Il y a des principes pour tout, et ceux que l'on doit suivre pour former un chien courant ne sont pas à dédaigner, car tel chien qui ne vaut rien serait devenu très bon s'il eût été soigné, et tel autre qui ne chassera bien que lorsqu'il sera vieux pourrait être parfait à l'âge de trois ans.

Il y a des chasseurs qui sont impatients de voir leurs chiens se *décider* et qui pour cela vont les mener aux lapins dans les bois, dans les fourrés.

C'est une faute. Ces chiens deviendront lanceurs, mais ils ne sauront pas *courir* un *lièvre*.

Si vous les habituez à chasser dans les fourrés où le lièvre a touché partout et où les chiens le sentent à plein nez, ils ne chasseront que mollement et sans goût quand vous les conduirez dans une plaine aride.

De même, si vous les faites débuter avec une meute et qu'ils ne chassent qu'avec elle, il leur faudra beaucoup de temps pour devenir lanceurs, et cela se comprend : les vieux chiens faisant tout le travail et le menant rapidement, les jeunes se laissent entraîner et ne goûtent pas assez de la voie.

Il vaut donc mieux les faire chasser seuls ou ne mettre avec eux qu'un vieux chien bien réglé.

Il faut aussi commencer par les faire chasser assez longtemps, dans les terrains nus, secs, arides, dans les guérets, où la terre fournit peu, et les mener insensiblement vers la retraite du lièvre pour tâcher de le leur faire lancer, et si au départ du lièvre vous pouviez le blesser assez pour qu'ils le prennent après l'avoir couru quelque temps, ce serait la meilleure des leçons.

Il faut, au début, savoir faire le sacrifice de quelques lièvres, ne pas les tuer au départ pour les leur laisser courir, mais les blesser toujours si on le peut.

S'ils prennent un lièvre blessé, et qu'ils le mangent, tant mieux, ils n'en seront que plus enragés... Ils chassent pour eux.

Si cependant vous êtes à portée et que vous puissiez le leur faire laisser, prenez le lièvre et ne manquez pas de le leur partager, il n'y a rien comme de leur faire manger quelques lièvres pour leur donner du cœur et des jambes, et pour les rendre tenaces.

En les habituant à se laisser prendre le lièvre qu'on leur donne ensuite à dévorer, ils finissent par ne plus les dévorer d'eux-mêmes et par attendre le chasseur qui leur fait la curée.

J'ai vu plusieurs chiens se coucher sur le lièvre, le lécher, le défendre contre les autres chiens, et s'opposer à ce qu'ils s'en approchent.

C'est le moyen de conserver quelques lièvres quand on en a besoin.

Dans les bois, dans les taillis, le lièvre touchant partout avec son poil y laisse beaucoup de *sentiment*, c'est-à-dire tant d'odeur que les chiens flairent la branche et ne mettent pas le nez à terre.

Aussi quand ils arrivent en plaine se trouvent-ils embarrassés, comme je l'ai déjà dit.

Commencez donc par mener un jeune chien, qui n'a pas encore *déclaré*, dans les *pâtures*, dans les champs de trèfle ou de luzerne où le lièvre aura fait *sa nuit*. La quête y sera chaude, brûlante; le chien y agitera sa queue, se battra les flancs, commencera par japper timidement et finira par déployer sa gorge. Une fois *parti*, il ne s'arrêtera plus dans les pâtures que pour y goûter de la voie, puis il suivra toutes les passées du lièvre et le cherchera partout. C'est alors que vous devez profiter de votre expérience pour le pousser doucement vers la retraite du lièvre et le conduire au gîte.

Quand il aura lancé quatre ou cinq lièvres, vous pourrez l'*ameuter*, il fera sa partie comme les autres.

En résumé, un chien habitué à ne quêter que dans les bois, dans les fourrés, ne vaudra rien pour la plaine, tandis qu'un chien habitué aux difficultés de la plaine, bien collé sur la voie, et mordant bien sur les chemins, sera parfait dans les bois. La chasse pour lui n'y sera plus qu'un amusement.

Quête.

Ne cherchant pas à faire des phrases, ne m'occupant que de principes, je me crois dispensé de faire la description de tout ce qu'offre de brillant et de jouissances une quête bien menée.

C'est sur la quête principalement qu'on voit faire les chiens et que l'on peut apprécier les bons.

Vous ne devez pas vous jeter sur les chiens. Laissez-les faire, laissez-les bien goûter de la voie.

Si c'est sur la lisière d'un bois, les jeunes et les médiocres pourront s'y attacher, s'y amuser, mais les bons chiens, les chiens rusés, ne s'y arrêteront pas et s'en iront bien vite chercher l'entrée du lièvre dans le fourré.

C'est le moment de *se poster*, si l'on veut le tuer, car il ne tardera pas à partir.

Si c'est en plaine, loin des fourrés, c'est autre chose. La chasse devient plus difficile et le piqueur a quelquefois besoin d'aider les chiens.

Les lièvres de la plaine sont difficiles à lancer, surtout quant la terre ne *fournit pas*, et c'est alors que le chasseur doit recourir aux principes.

Il doit suivre les chiens avec attention, voir de quel côté la quête est plus chaude pour deviner où peut être *la retraite*.

J'ai déjà dit *qu'un lièvre ne se gîte jamais sans avoir refoulé sa voie;* il ne sera donc pas à l'extrémité du trajet qu'il aura parcouru, vous le trouverez en deçà du point où les chiens seront arrivés, en arrière du point où ils ont fini de trouver.

C'est là que vous devrez le chercher à quelques 50 mètres en arrière, plus près ou plus loin, selon les lieux.

Faites en sorte de le faire partir ou de le voir au gîte, et servez-vous pour cela de ce que j'ai dit sur les empreintes quand la terre est humide.

Lancer du Lièvre.

Il arrive très souvent que le lièvre n'est pas plus tôt lancé qu'il est perdu; c'est-à-dire que les chiens tombent en défaut.

Il est rare que celà n'arrive pas toutes les fois que plusieurs chiens se disputent la tête, ou qu'on a dans la meute quelque chien étranger.

C'est au premier crochet du lièvre qu'a lieu ce premier défaut, parce que les chiens s'emportent et qu'ils font une fausse pointe.

Presque toujours ils dépassent la voie, et s'il n'y a pas de bons chiens pour faire la reprise, on les voit extravaguer et faire bien des sottises.

Il convient de ne pas se porter sur les chiens et de les laisser faire.

Après un temps moral, s'ils ne reviennent pas, on les rappelle en faisant claquer le fouet, et au lieu de les animer, de les exciter, on cherche à les calmer, à les retenir autant que possible; on fait un hourvari en reprenant un peu en arrière, et la reprise est bientôt faite.

J'ai vu bien des chasseurs s'emporter et crier contre des chiens qui voulaient reculer en pareille circonstance.

Ils avaient tort, car ces chiens en savaient plus qu'eux.

Ce n'est pas que le lièvre eût reculé, mais comme ils avaient dépassé la voie par une fausse pointe, il fallait bien revenir en arrière pour trouver le crochet et reprendre *la passée* du lièvre.

Ce premier défaut relevé, la chasse va bon train pendant quelque temps, et quand plus tard on se trouve en face de nouveaux défauts, on a recours à des hourvaris que l'on fait de la manière suivante :

Mais avant de passer à ce chapitre, je veux compléter celui-ci et dire que, puisque les chiens ont l'habitude de s'emporter à la première pointe, il ne faut pas les mettre précipitamment après le lièvre quand on le voit partir ou se dérober.

Il vaut mieux patienter un instant et attendre qu'ils aient eux-mêmes pris connaissance du départ.

Quand on court un lièvre et qu'on le voit très loin devant les chiens, il ne faut pas non plus les *couper* et les appeler pour les mettre vite à l'endroit où on l'a vu passer.

Il vaut beaucoup mieux les laisser faire tant qu'ils travaillent, et ne les appeler que lorsqu'on voit qu'ils sont en défaut et qu'ils commencent à se décourager. C'est le moyen de les bien dresser et de les habituer à suivre régulièrement.

Les appeler et les *rompre* quand ils sont sur la voie, c'est toujours les déranger.

Relancé.

Pour le relancé, suivez ce même principe *qu'un lièvre ne se remet jamais sans avoir refoulé sa voie.*

- Ce sont les mêmes principes que pour le lancé.

Il y a pourtant cette différence *très essentielle à connaître,* c'est qu'un lièvre couru et fatigué qui veut se remettre préfère quelquefois les endroits découverts, surtout quand il est près d'être forcé.

Il se blottira dans un chaume, dans un guéret, dans une terre inculte, dans un champ nouvellement ensemencé.

Il fera ses ruses dans un fourré s'il y passe à portée, puis il en sortira pour aller se blottir en dehors. Il pique une pointe, puis il revient sur ses pas et se remet à droite ou à gauche, selon les lieux.

Il est facile de comprendre combien il est important de connaître ce principe qui, toutefois, n'est pas général, car un lièvre couru se fait aussi relancer dans les bois, dans la brande, dans les fourrés, *pourvu qu'ils ne soient pas mouillés.*

C'est ce défaut qui a lieu presque toujours quand le lièvre s'est remis, qui est le grand écueil des chiens et des chasseurs.

Il arrive très souvent qu'un piqueur ordinaire ne sait pas le relancer, et qu'on le quitte pour aller chercher une autre quête. Il est pourtant assez facile de relancer un lièvre quand on connaît bien ses ruses et ses habitudes.

Dans les bois, dans les fourrés, les bons chiens se chargent de la besogne; mais à découvert, c'est l'affaire du piqueur. Il doit les soutenir et les aider.

Le lièvre a-t-il fait ses ruses dans un fourré dont il est sorti? N'est-il allé qu'à une petite distance et ne trouvez-vous sa passée d'aucun côté?

Il est évident qu'il a refoulé sa voie et qu'il s'est mis entre ce fourré et l'extrémité de la pointe qu'il a faite.

C'est donc là que vous devez le chercher jusqu'à ce que vous le voyiez ou que vous le faites repartir.

Il en est de même dans une plaine dénudée, où il n'y a pas de fourrés. Cherchez minutieusement en deçà de l'endroit où les chiens ont cessé de trouver. Mais il faut aller et marcher *très lentement*, sans cela il vous laissera passer.

Hourvari (1).

On appelle chez nous hourvari, à tort ou à raison, le travail que l'on fait faire aux chiens, quand ils sont en défaut, pour leur faire reprendre la voie. Pour cela, on décrit un demi-cercle, soit en avant, soit en arrière de l'endroit où la meute a cessé de trouver.

Le moyen de vite forcer un lièvre, c'est de ne jamais le perdre, et si les chiens tombent en défaut, c'est de savoir le relever à l'instant.

Pour cela, il est essentiel de connaître les habitudes du lièvre, afin de faire les hourvaris avec intelligence, car d'un hourvari bien ou mal fait dépend souvent la perte ou la prise d'un lièvre.

Il faut s'attacher d'abord à savoir ce que l'ón suit. Est-ce une hase ou un bouquin? C'est ce qu'il est important de connaître, car ils ne courent pas toujours de la même manière.

D'une hase, il faut s'attendre à tout, car elle ruse

____

(1) Dans le Nord, on appelle hourvari ce que nous appelons, nous, *refoulé*, c'est-à-dire quand le lièvre est revenu sur ses pas, quand il a reculé, quand il a *refoulé sa voie*.

presque toujours. Le mâle est plus fier et file plus droit.

Si donc vous avez affaire à une femelle, il n'y a pas de principes constants; elle fait souvent des ruses au départ et les continue quelquefois pendant toute sa course : elle va, revient, se remet et se fait relancer plusieurs fois; puis elle s'en ira dans les chemins, près des maisons, dans les jardins, dans les bassecours, au milieu des poules, du bétail et se cachera sous du bois, sous des branches, dans les étables, partout.

Mais si c'est un mâle que vous courez, sachez qu'il va toujours en avant jusqu'à ce qu'il ait fait sa randonnée.

Portez donc toujours le hourvari en avant. *Les refoulés n'ont lieu qu'à la fin du lièvre.*

S'il a reculé dans sa course, c'est qu'il a été dérangé par quelqu'un, par quelque chien de berger ou par quelque bruit, mais sa reculade ne sera pas longue, et vous le trouverez toujours en décrivant un demi-cercle en avant.

Un lièvre bien couru *revient toujours au lancé,* en parcourant un rond ou circuit plus ou moins grand, et c'est dans ce rond, *toujours en avant,* qu'il faut le chercher, *et jamais en dehors du rond.*

Mais s'il était fier et confiant dans ses forces quand il est parti, il n'en est pas de même après sa randonnée, quand il a été délogé de nouveau de ses parages. Alors, la frayeur le saisit... Il perd la tête et ne sait plus que devenir. Sa légèreté ne peut plus le sauver... Il veut essayer de la ruse... et c'est ainsi que tantôt il refoule la voie, c'est-à-dire qu'il revient en arrière par le même chemin, et que, d'un bond, il se jette sur le côté et se blottit afin de laisser passer les chiens. Tantôt, n'ayant pas le temps de revenir sur ses pas, se trouvant trop vivement pressé par les chiens, il se jette sur le côté et se blottit encore pour les laisser passer, et aussitôt il s'échappe et revient en arrière, en baissant les oreilles et se faisant aussi petit que possible.

Il renouvelle et multiplie ces ruses jusqu'à ce qu'il est pris ou perdu.

Conclusion.

La conclusion de mes observations est que, jusqu'à ce qu'un lièvre a fait sa randonnée, il faut toujours le chercher en avant, et qu'après sa randonnée, surtout *lorsqu'il est près d'être forcé*, il faut toujours le chercher en arrière.

Je parle ici des lièvres du pays, car on trouve quelquefois des lièvres de passage qui ne reviennent pas au lancé, qui ne font pas la randonnée et qui dépaysent les chiens et les chasseurs.

Si après avoir fait le hourvari en avant et en arrière en décrivant un cercle parfait, on n'a retrouvé nulle part la passée du lièvre, c'est une preuve qu'il est resté dans l'enceinte, et c'est là qu'il faut le chercher jusqu'à ce qu'on le trouve. Il faut aller, venir, rôder dans tous les sens jusqu'à ce qu'on lui tombe dessus, car il est des fois qu'il se blottit et s'écrase tellement contre terre qu'il est très difficile de le voir, et s'il se croit bien placé, il fera tellement ferme que les chiens et les chevaux lui passeront par dessus sans qu'il veuille partir.

Il faut, dans ce cas, finir par l'y laisser, à moins qu'un chien lui mette le nez dessus et le happe.

Déboulé.

Au déboulé d'un lièvre, c'est-à-dire quand il part, il est facile de connaître si c'est un mâle ou une femelle. On le connaît à la tête et à la couleur. Le mâle est plus roux et a la tête plus grosse.

Le mâle part avec assez de fierté, sans déguiser sa taille et sans baisser les oreilles; il traverse les champs et semble peu soucieux de se dérober aux regards du chasseur.

La hase, au contraire, se glisse, se dérobe, les oreilles collées sur le dos et se fait si petite qu'elle peut; elle cache, en partant, la moitié de sa taille.

On peut encore connaître le sexe d'un lièvre sans le voir à la manière seule dont il part.

Le mâle part assez franchement et pique droit sans hésitation.

La femelle, au contraire, se dérobe, elle longe les fourrés, les fossés, se cache tant qu'elle peut et rarement elle pique droit. On peut donc, en voyant faire les chiens, reconnaître si c'est une hase ou un bouquin que l'on a devant soi.

Il est bon aussi de remarquer comment un lièvre a fait ses premières ruses, parce qu'il les fera presque toutes de la même manière et dans la même direction.

Si donc le lendemain vous lancez un lièvre que vous avez couru la veille, attendez-vous à lui voir faire les mêmes ruses et parcourir, à peu près, le même trajet, s'il n'est pas dérangé.

Avec la connaissance et l'application raisonnée de ces principes, un lièvre n'est jamais perdu; pas un ne peut échapper à une bonne meute. On doit *les forcer tous*.

Postes.

Celui qui veut tuer un lièvre couru par les chiens doit apprendre à connaître les postes, c'est-à-dire les endroits où il est à présumer que le lièvre doit arriver.

Si les chiens courants quêtent dans un bois, les meilleurs postes sont à l'extrémité des principaux sentiers, et dans l'intérieur du bois à l'endroit où deux sentiers se croisent.

Si donc on veut tuer un lièvre au départ, il faut occuper les postes, et quand un lièvre court, il faut se porter aux postes bien en avant des chiens, et autant que possible sur les hauteurs.

Dans les vignes les postes sont dans les angles, au milieu des vignes au point d'intersection des sentiers ou passages, et extérieurement à la sortie des passages.

Dans la plaine et sur les coteaux les postes sont sur les sentiers et les chemins, surtout au point où ils se croisent, parce qu'il peut y arriver de plusieurs côtés.

Le lièvre longe aussi les ruisseaux, les grandes haies, les landes, les taillis; placez-vous donc de manière à le voir et à l'attendre.

Mais les postes infaillibles sont ceux du quartier où il a été lancé quand il fait sa randonnée. Ecoutez donc bien la chasse pour savoir de quel côté vient le lièvre, et placez-vous, vous ne tarderez pas à le voir arriver; tenez-vous caché, ne faites pas le moindre bruit et ne bougez pas.

Laissez-le bien approcher et tirez-le à 25 pas, de manière à le faire rester sur place.

Si vous tiriez trop loin et que vous ne fissiez que le blesser, le lièvre ne serait pas pour vous, mais bien pour les chiens qui l'auraient bientôt dévoré.

Pour le tirer au poste, c'est-à-dire en face, il faut lui tirer sur les pattes et se baisser un peu, si c'est en plaine.

Un débutant qui n'a jamais tiré sur le lièvre et qui le voit pour la première fois arriver au poste où il l'attend est singulièrement ému par la présence de ce petit animal. J'en ai vu trembler tellement à l'approche du lièvre au poste qu'ils le laissaient passer sans le tirer.

Si vous le voyez arriver de loin, ne vous pressez pas d'épauler et de le viser, parce que en le tenant au bout du canon, vous ne sauriez pas calculer la distance, vous pourriez tirer trop près et trop loin.

Bornez-vous à tenir votre fusil en droite ligne du gibier, et n'épaulez et ne visez que lorsque vous l'aurez à 35 pas pour le tirer à 25.

Si le lièvre ne vient pas trop vite et que malgré cela vous craigniez de le manquer, vous n'avez qu'à faire *bist* en épaulant votre fusil, quand vous l'aurez à 25 pas. Le lièvre s'arrête court pour écouter et s'assied sur ses pattes de derrière, mais il a bientôt fait, tirez donc aussitôt.

Si quand vous êtes au poste, vous voyez le lièvre qui vient à vous s'arrêter à 30 ou 40 pas, n'hésitez pas à le tirer, parce qu'il ne s'arrête que pour reculer ou pour changer de direction en faisant un crochet à droite ou à gauche.

Tirez-lui donc à tout hasard, même à plus de 60 pas, ne serait-ce que pour le blesser, parce que les chiens le courront beaucoup mieux; mais dans ce cas, suivez les chiens de près, si vous tenez à le conserver.

Le lièvre, par la conformation de sa tête, ne voit que par côté; il ne voit pas devant lui. Attendez-le donc froidement au poste. Il vous passerait entre les jambes.

Vent.

A la chasse des chiens courants, le lièvre se fait toujours battre à l'opposé du vent.

Ainsi, par exemple, si c'est le vent d'ouest qui souffle avec quelque violence, le lièvre prendra la direction de l'est et se fera battre dans ces quartiers jusqu'à ce qu'il fasse sa randonnée. Tenez-vous donc à l'est.

Si, au contraire, c'est le vent d'est qui souffle, portez-vous à l'ouest et occupez les postes, car c'est dans ces parages qu'il ira se faire tuer.

Chien d'Arrêt.

Le moyen d'avoir un bon chien d'arrêt pour le lièvre et de le rendre lanceur, c'est de l'exercer aux lapins quand il est jeune. Il s'habitue *au poil*, et

3*

quand il trouve en chasse la voie d'un lièvre, il s'y attache, ce que ne fera pas un chien d'arrêt qui ne chasse que *la plume.*

J'ai trouvé des chasseurs qui n'appréciaient pas les bons chiens pour le poil, prétendant qu'ils finissent pas perdre l'arrêt ou par l'avoir peu solide.

Je conviens qu'ils deviennent un peu vifs à l'arrêt, mais il est aisé de les réduire, et rien n'empêche qu'un bon chien pour le lièvre ne soit un excellent chien pour les cailles et les perdreaux.

Fût-il même moins solide pour l'arrêt, le chasseur ne serait-il pas amplement dédommagé de la perte de quelques cailles par la prise de quelques lièvres?

Et que signifie, après tout, un chien d'arrêt qui ne chasse que la caille, comme j'en ai vu tant?

Dressez *un farou,* vous tuerez autant de cailles qu'avec votre Médor.

Exercez donc votre chien à la chasse du lièvre et du lapin; vous jouirez beaucoup plus à la chasse et vous remplirez mieux et plus souvent votre carnier.

Du temps des raisins, vous trouverez, le matin et le soir, les lapins dans les vignes qui avoisinent les bois et les clapiers, vous les trouverez aussi dans les luzernes et dans les fossés couverts de ronces qui divisent les champs de maïs.

C'est dans ces vignes, dans ces luzernes et principalement dans ces fossés que vous devez mener votre chien.

Les lapins poursuivis par le chien se réfugient dans ces fossés; le chien les y suit, les en déloge, et et si vous êtes assez heureux pour les tuer, l'éducation de votre chien est bien vite faite.

Vous devez l'habituer à entrer hardîment dans tous les fourrés, à ne jamais passer près d'une haie, sans mettre le nez à tous les trous, enfin à chercher le lièvre partout où il est à présumer qu'il peut se trouver.

Quand il en aura fait partir quelques-uns, si surtout vous les avez tués, il fera cette chasse avec plus de passion que les autres, et si vous allez chasser le matin de bonne heure et qu'il tombe sur quelque retraite, vous pouvez être assurés que vous verrez le lièvre.

Un très bon chien pour le lièvre vous en fera voir presqu'autant qu'une meute, surtout si vous observez les principes indiqués, et sachant où se tiennent les lièvres, comme je vais vous le dire.

Lièvres.

OU ON LES TROUVE ET COMMENT ON DOIT LES TIRER.

Si les perdrix font tressaillir la plupart des chasseurs, un lièvre qui part les surprend d'une manière étrange.

Les uns le tirent trop vite, à bout portant; les autres le regardent d'un air hébété, ne tirent pas, le regardent filer.... et se frappent ensuite la tête de n'avoir pas tiré.

C'est sur le lièvre surtout qu'il faut avoir du sang-froid. J'ai vu trois bons chasseurs manquer un lièvre qui leur partit sous les pieds. Ils lui tirèrent six coups sans le faire rester. Ils furent tous trois honteux et capots! Chacun d'eux l'aurait tué d'emblée s'il eût été seul, et tous les trois le manquèrent.

C'est qu'ils se pressèrent les uns les autres.

Quand un lièvre part, ou il bondit de frayeur, ou il se dérobe en faisant trois crochets ou zig-zags avant de filer droit.

Si vous le tirez sur ses crochets, vous êtes sûrs de le manquer; sur cent, vous n'en tuerez pas un.

Ne vous pressez donc pas. Laissez-le faire, et ne le tirez que lorsqu'il file droit.

S'il part en queue, tirez-lui sur le dos, derrière la tête, vous êtes sûrs de le peloter.

Si vous le tirez sur le derrière, sur le gras des cuisses, il pourra supporter toute la charge et vous échapper. Il ira mourir loin de vous.

Si vous l'avez en travers et qu'il soit arrêté ou qu'il aille doucement, tirez-lui au défaut de l'épaule.

S'il va vite en travers, tirez-lui sur la tête.

S'il va très vite, tirez-lui un peu en avant.

S'il vous vient en face, comme il arrive presque toujours aux postes, quand on est à la chasse des chiens courants, tirez-lui sur les pattes s'il monte, et si c'est en plaine, tirez-lui encore sur les pattes, mais en vous baissant un peu comme je l'ai déjà dit. Si vous lui tirez sur la tête ou sur le dos, la charge glisse et ne le tue pas.

Vous voyez qu'il ne faut pas trop se presser, puisqu'avant de tirer, vous devez décider où il faut l'ajuster.

Il est bien entendu qu'il n'est ici question que des lièvres à découvert.

Dans les fourrés et dans bien des cas, on ne les tire pas comme on veut, mais comme on peut.

Où on les trouve.

Maintenant que vous connaissez la manière de les tirer, il me reste à vous dire où vous avez la chance de les trouver.

A l'ouverture de la chasse, on les trouve un peu partout. Bientôt après, étant dérangés par les troupeaux qui parcourent la plaine, ils quittent les chaumes pour se mettre dans les vignes, dans les maïs, dans les pommes de terre, dans les trèfles, dans les millets, dans les maïs-fourrages, partout où ils ne sont pas tracassés.

On les trouve dans les taillis, dans la brande, dans les bruyères, dans les pièces d'ajonc, dans toute espèce de landes.

On les trouve dans les fossés mal tenus qui séparent les pièces, et notamment dans les doubles fossés, choisissant ordinairement le côté le plus sec pendant le temps pluvieux, et le côté le plus frais pendant les fortes chaleurs.

Ils se plaisent aussi dans les champs incultes, abandonnés depuis quelque temps et où sont excrus des ronces, des genêts, de la tuie.

Ils aiment assez les petits bosquets et les petites châtaigneraies où se trouve quelque peu de brande ou de fougère.

Ils se tiennent encore, les vieux lièvres principalement, dans ces fossés profonds et fourrés qui traversent la plaine, qui avaient nom de ruisseau pendant l'hiver, qui se trouvent secs en ce moment, et qui conservent toujours une grande fraîcheur. C'est là que sous quelques osiers, quelques ronces rampantes, ou sous quelques touffes d'aunes, les vieux bouquins et les vieilles hases espèrent échapper au chasseur inexpérimenté.

On les trouve surtout, en tout temps, dans les vieilles marnières ou vieilles carrières abandonnées où sont excrus des buissons ou de grandes ronces qui paraissent leur offrir des gîtes tranquilles.

C'est là que les meilleurs chiens font quelquefois défaut, parce que le lièvre, pour se mettre, fait un bond et saute de fort loin dans son gîte. Il m'est arrivé souvent de voir mon chien passer tout près du lièvre sans rien annoncer, quand, par une expérience bien acquise, j'allais poliment du bout de mon canon soulever des ronces qui servaient d'abri à un pauvre malheureux qui s'éveillait pour la dernière fois.

Pendant les fortes chaleurs de l'été, vous les trouverez aux marnières fraîches situées à l'aspect du nord; et pendant les froids rigoureux de l'hiver, vous les trouverez au contraire dans les marnières situées à l'aspect du midi ou du levant.

Dans les pays-vignobles, immédiatement après les vendanges, les vieux lièvres quittent les vignes, mais ils ne s'en écartent guère; vous les trouverez aux alentours dans les guérets, dans les petits fossés, partout.

Cherchez-les donc aux environs des vignes que l'on vient de vendanger, vous les trouverez dans les endroits même où vous les cherchiez inutilement la veille.

Ils y reviennent quelque temps après, à l'époque des semailles, vers la St-Martin, et à cette époque aussi, on les trouve dans les vieux chemins, dans ces grandes haies qui les bordent, dans ces broussailles qu'on y laisse par négligence. Vous les trouverez plutôt dans les haies que dans les fossés, parce qu'ils sont humides ou remplis d'eau dans cette saison.

Et quant aux vignes, *ne les cherchez que dans celles où l'on ne mène pas les troupeaux,* dans les vignes closes, dans toutes celles où ils ne sont pas tracassés.

Cherchez-les à l'aspect du midi ou du levant, et notamment dans les parties les plus garnies d'herbes sèches.

Bois-taillis.

Tout le monde sait qu'à toutes les époques de l'année, il y a des lièvres dans les bois, dans les taillis; mais ce que bien des chasseurs ignorent, c'est que :

A l'ouverture de la chasse, ils se tiennent peu dans les bois, ils préfèrent les autres lieux indiqués.

Dans les mois d'octobre et de novembre, ils s'enfoncent peu dans les bois, ils se tiennent près des sentiers, sur les lisières des bois, sur les *francs-bords*.

Aussi à cette époque voit-on souvent les chiens courants perdre la tête sur la lisière des bois, parce qu'ils se hâtent d'entrer et de s'enfoncer dans les fourrés.

On se trouve sur la retraite, quand on se croit sur

la quête, et comme les chiens trouvent partout à plein nez dans le bois, parce que le lièvre s'y est amusé et qu'il l'a parcouru dans tous les sens, ils ne songent pas à revenir en dehors.

Mais le piqueur qui connaît les véritables principes de la chasse et les ruses du lièvre, voyant que les chiens ne lancent pas dans l'intérieur du bois, les rappelle où ils ont commencé de trouver; il leur fait longer le bois et s'attache à leur faire suivre le franc-bord, c'est-à-dire le côté du bois, à 2 mètres tout au plus de profondeur.

C'est que le lièvre, après avoir longé le bois, sera revenu sur ses pas, et puis d'un bond extraordinaire il se sera mis sur le côté.

C'est là que vous le ferez partir.

Quand il a plu pendant la nuit, quand la brande et les fourrés sont mouillés, les lièvres se tiennent sur les lisières, en dehors des bois.

C'est donc là que vous devrez les chercher. Pendant l'hiver, ils se tiennent au milieu des bois, dans les fourrés, dans les endroits abrités, et si les bois sont situés sur des coteaux, vous les trouverez à l'exposition du soleil.

Pendant l'été, ils se tiennent sur le versant opposé, c'est-à-dire du côté du nord.

Au printemps, pendant que la chasse est prohibée, ils se tiennent dans les récoltes.

Vignes.

Presque tous les chasseurs qui, pendant l'hiver, chassent dans les vignes dépouillées de leurs feuilles regardent s'ils ne verraient pas le lièvre contre quelque souche.

On en y voit quelques-uns, mais le plus souvent ils se tiennent sous ces longs pampres qui traversent les sillons, surtout quand ils sont un peu larges, bien espacés.

Ils se tiennent aussi, préférablement, dans les vignes que l'on vient de planter, où le sol produit de l'herbe haute, des ronces, de la fougère, des tiges quelconques.

Mais il ne faut les y chercher qu'avec le beau temps, quand il n'y a pas de l'eau, car le lièvre fuit les endroits mouillés, à cause de ses oreilles.

Il est donc essentiel de remarquer s'il a plu pendant la nuit ou le matin de bonne heure, avant que le lièvre ne s'est mis, car il arrive très souvent qu'il pleut après qu'il s'est gîté, ou plus tard pendant le jour, et dans ce cas vous pouvez le trouver à toute heure de la journée, dans les endroits même les plus mouillés.

A partir du mois d'août vous trouverez aussi, comme je l'ai déjà dit, des lièvres dans les guérets près des vignes ou autres fourrés, par *un temps magnifique*. Ils aiment de s'y mettre pour être à l'abri des mouches, des cousins, des taons, etc., etc. Et plus tard, pendant l'hiver, pour être au soleil.

Landes marécageuses.

Dans les quartiers marécageux des landes, s'il y a des lièvres, vous les trouverez sur les bords des marais, aux endroits où le bétail n'ose guère s'aventurer. Là, ils se trouvent plus tranquilles que sur la lande où les troupeaux les dérangent souvent.

Mais tout cela ne vous suffit pas.

Voulez-vous tuer des lièvres?

A l'ouverture de la chasse, *afin d'être les premiers,* allez chasser dans les quartiers où il y a quelque peu de lande, de la brande, et au lieu de courir comme des fous au milieu de ces landes, ne suivez que les côtés des sentiers.

S'il y a des lièvres, vous les trouverez à droite ou à gauche, *à deux ou trois pas des sentiers.*

Suivez donc les côtés des sentiers, en buissonnant ou traquant avec le canon de votre fusil, et quand le lièvre partira, il fera deux ou trois bonds sur la lande, c'est-à-dire ses ruses ou ses crochets, et il sautera sur le sentier. C'est alors que vous devrez le tirer, *quand il filera sur le sentier.*

Vous les trouverez aussi sur les côtés, sur les bords de cette lande ou de cette brande; après avoir parcouru les champs voisins, ils longent la brande et ils font un bond sur le côté. C'est là qu'ils se gîtent.

Je parle ici de la brande un peu élevée. Si au contraire la brande est basse, très courte, et qu'il y ait des bouquets de buissons ou de brande plus élevée, soit sur les bords, soit vers le milieu, c'est là qu'il faut les chercher.

C'est surtout *immédiatement après la moisson* qu'on les y trouve, *avant qu'on n'y a mené paître les bestiaux.*

Si l'on attend quelques jours, on n'y trouve que

4

des gîtes vides, abandonnés, parce que le bétail les en a chassés en les y faisant lever trop souvent.

Ce n'est donc qu'*immédiatement*, ou peu de jours après la moisson, qu'on est sûr de les y trouver, et c'est même *un peu trop tard à l'ouverture de la chasse.*

Mais il n'y a que les privilégiés de l'article 2 de la loi du 3 mai 1844, c'est-à-dire ceux dont la propriété attenant à une habitation est entourée d'une clôture continue faisant obstacle à toute communication avec les héritages voisins, qui puissent chasser en tout temps.

Pour eux le succès est certain s'ils veulent profiter de leur privilége.

Il n'est aussi malheureusement que trop certain pour les braconniers qui ne respectent ni la loi ni les propriétés et qui ne manquent pas de profiter de cette époque si favorable pour la destruction du gibier.

Cherchez les gîtes. Quand vous en aurez vu quelques-uns, vous serez mieux fixés que par tout ce que l'on pourrait vous dire.

J'ai chassé pendant plus de quinze ans, sans en avoir jamais vu aucun, parce que je chassais machinalement comme les autres.

Aujourd'hui, je ne vais jamais à la chasse sans que j'en voie plusieurs, ou sans que je fasse partir quelque lièvre.

Si vous trouvez un gîte vide, cherchez tout à côté. Si c'est une hase, vous la trouverez près de là, dans un autre gîte.

Si vous trouvez un gîte ébauché, à peine commencé ou inachevé, où vous reconnaissez que le lièvre a voulu se mettre, soyez persuadés qu'il n'est pas loin. Cherchez-le avec attention, vous ne tarderez pas à le voir au gîte, ou à le faire partir.

Avant les vendanges, les lièvres se tiennent beaucoup dans les vignes, et l'on en trouve aussi dans les guérets qui sont à côté des vignes; suivez avec attention ces guérets, vous verrez les lièvres au gîte, contre une grosse motte de terre.

Vous les y trouverez, surtout, quand il aura beaucoup plu pendant la nuit, le matin avant le jour; vous les y trouverez quelque temps avant les semailles des céréales, à l'époque où l'on porte le fumier dans les champs.

Cherchez-les, surtout, dans les champs qui n'ont pas encore été fumés.

S'il y a quatre pièces fumées et une cinquième qui ne le soit pas, allez droit à cette dernière.

Rarement ils se trouvent au milieu des pièces; c'est presque toujours assez près de l'entrée ou dans les angles, à quelques pas des sentiers de servitude.

Il en est de même dans les vignes; ils se tiennent dans les angles, ou assez près des passages, ou sur les côtés, dans les huit à dix premiers sillons.

Si vous chassez sur des coteaux, et que pendant la nuit, au crépuscule du matin, il ait fait de fortes rafales, cherchez-les dans les fourrés, à l'opposé du vent, dans les marnières surtout.

Quand la brande et les fourrés sont mouillés, le matin, de très bonne heure, soit par une pluie, soit par une abondante rosée, vous les trouverez à découvert dans les champs, dans les guérets, surtout à partir du mois d'octobre ou de la mi-septembre.

Crottins de Lièvre.

Les crottins du mâle sont un peu pointus, ceux de la femelle sont presque ronds. Le mâle court beaucoup pendant la nuit; il s'éloigne de son quartier pour courir après les femelles.

Les femelles sont assez casanières. Si donc vous

trouvez des crottins de femelle, soyez persuadés qu'elle n'est pas très loin; vous pourrez la trouver dans un petit périmètre.

Quand une hase est pleine, surtout quand elle est près du terme de sa gestation, elle fait les crottins plus ronds et plus plats, ce qu'il n'est pas indifférent de savoir quand on veut conserver du gibier dans sa propriété.

Ces hases doivent être ménagées. Les tuer c'est une grande faute.

Si vous trouvez des crottins d'un petit levraut, cherchez le père ou la mère, cette dernière surtout à une certaine distance. Ils ne se tiennent jamais ni très près ni très loin de leurs petits.

Après les semences, lorsque les blés commencent à couvrir la terre, les lièvres se tiennent dans les champs de blé, comme dans les guérets, c'est-à-dire assez près des bords, non loin des sentiers, des chemins de servitude ou tous autres chemins.

J'ai vu des chasseurs qui s'attachaient à suivre minutieusement un champ de blé où ils voyaient beaucoup de crottins de lièvre.

Pour moi, c'est une raison pour que je ne l'y cherche pas, car l'instinct le porte à ne pas crotter où il veut se mettre.

4*

Il faut le chercher aux alentours.

On connaît le sexe d'un lièvre que l'on voit au gîte à la manière dont il tient ses oreilles. Le bouquin les a serrées l'une contre l'autre et collées sur le dos, tandis que la hase les tient élargies et pendantes de chaque côté de la tête.

Il est facile de les voir au gîte.

Ils se mettent dans un petit trou qu'ils font avec les pattes, et la terre qu'ils remuent fait un petit volume dans le sillon.

Traversez donc les champs de blé, surtout dans les enclos ou près des enclos, non loin des maisons, près des jardins, en regardant attentivement dans tous les sillons, et allez droit à toutes les mottes ou terre amoncelée que vous verrez dans les sillons.

Le lièvre est tout à côté de la terre qu'il a remuée; il paraît à peine, son poil est au niveau de la surface du champ.

L'an dernier, ayant trouvé plusieurs gîtes dans un champ de blé, je pensais que le lièvre n'était pas loin et que je finirais par le trouver, lorsque tout à coup, passant dans le champ voisin, je m'écrie: le voilà! Mais le vent qui agitait son poil me fit croire qu'il était mort et qu'il était rongé par les vers; je crus ne voir qu'une carcasse, ou plutôt la peau qui seule restait. Je me baissai pour prendre cette peau par les oreilles, lorsqu'un lièvre énorme bondit sur ma figure et me fit tressaillir. Je repris vite mon sangfroid et je le pelotai.

L'instinct les porte à se faire un petit trou dans lequel ils se cachent.

C'est seulement quand le blé commence de couvrir la terre qu'on peut faire cette chasse sans inconvénient, parce qu'alors les mottes de terre qui se trouvaient dans les sillons, étant délitées, fondues par les pluies ou par les gelées, on va presque à coup sûr, vers les petites protubérances que l'on aperçoit dans les sillons, tandis que peu de jours après les semailles il y a tant de mottes, partout, qu'on se fatigue pour ne rien faire.

Cependant, je ne partage pas l'opinion d'un auteur distingué qui dit que, pour ne pas faire trop de pas inutiles, *il n'y a qu'à frapper du talon par terre quand on voit une protubérance à 30 ou 40 pas. Si c'est un lièvre*, dit-il, *il ne manquera pas de lever une oreille en l'air.*

Mais il oublie, en disant cela, que le lièvre court

toute la nuit, et qu'il dort toute la journée; il doit bien faire comme nous, se réveiller quelquefois, mais s'il dort, vous aurez beau frapper du talon.

Il arrive souvent que les bouviers lèvent un lièvre avec le soc de la charrue, ou qu'ils le tuent, s'ils le voient assez tôt, d'un coup d'aiguillade.

Ils labourent presque tout un champ, sans que le lièvre s'éveille, et ce n'est, très souvent, qu'à force de passer et de repasser près de lui qu'on le fait partir.

Hier encore, une femme portait un lièvre qu'elle voulait vendre. Ne lui voyant aucune trace de blessure, je lui dis qu'on ne l'avait pas tué d'un coup de fusil, et je lui demandai si c'était à une bourse qu'on l'avait pris. Non, Monsieur, me dit-elle, mon frère arrachait des pommes de terre, et après avoir ouvert 7 à 8 sillons, une vache a mis le pied sur ce lièvre et l'a tué.

Ainsi donc, lorsqu'on voit un lièvre au gîte lever une oreille en l'air, comme j'en ai vu *sans frapper du talon*, c'est un lièvre qui se trouve éveillé, ou mieux encore, c'est un lièvre dérangé qui vient de se remettre, et dans ce cas, l'on a beau faire, il est rare qu'on s'en approche.

Le mieux est alors de ne pas aller directement à

lui, d'en approcher en obliquant et paraissant distrait,
tout préoccupé d'autres choses que de lui; mais ne
le perdez pas de vue, car il se dérobe, comme une
ombre, sans faire le moindre bruit.

On en voit quelquefois dans les sillons. Ce sont
des lièvres qui ont été dérangés pendant le jour et
qui n'ont fait que se blottir.

On y voit aussi quelques mâles qui, se trouvant
surpris par le jour après avoir erré toute la nuit, se
blottissent où ils se trouvent. On en y voit encore
pendant les fortes gelées, quand la terre est tellement
dure qu'ils ne peuvent pas l'entamer avec leurs pattes.

A six heures du soir, les lièvres comme les lapins, sortent, pâturent et s'amusent dans les vignes
pendant les mois de juillet et août.

Avant la moisson, les lièvres se tiennent beaucoup
dans les avoines quand elles sont mûres.

Quand on a coupé une pièce d'avoine et pendant
tout le temps que la paille reste étendue dans le champ,
tous les lièvres du quartier s'y rendent pendant la
nuit. On les y tue à l'affût, le soir ou le matin (chasse
prohibée).

Après l'avoine, les lièvres attendent avec impa-
tience l'épi du petit millet dont ils sont très friands.
On les y tue aussi le soir à l'affût.

Bergers.

Quand vous êtes en chasse, ne dédaignez pas de questionner les bergers que vous rencontrez. Presque toujours ils vous indiqueront quelques pièces de gibier. L'un vous dira qu'il a fait lever les perdreaux et qu'ils ont pris telle direction; l'autre vous dira qu'il a fait partir un lièvre à tel endroit qu'il vous désigne, et comme les lièvres ont l'habitude de se tenir au même quartier jusqu'à ce qu'on les tue, cette indication du berger vous sera précieuse, car, si vous ne le tuez pas ce jour-là même, vous pourrez être plus heureux quelques jours plus tard.

Presque tous les lièvres ont les mêmes habitudes et fréquentent les mêmes lieux.

Si donc, vous avez tué un lièvre dans un endroit où il était habitué, tenez pour certain que le premier lièvre qui viendra plus tard se fixer dans ce quartier se fera tuer au même endroit, ou fort près de là.

Chassez donc chaque année, méthodiquement, les endroits où vous savez que l'on a fait partir quelque lièvre, et même ceux où il en a été tué depuis quelque temps; les morts pourraient se trouver remplacés.

Chassez aussi avec attention le quartier où vous viendrez de tuer un levraut, parce qu'il n'est pas seul, si l'on n'a pas déjà tué les autres de la même portée, car il y a des hases qui en font jusqu'à cinq; ordinairement c'est deux ou trois, le plus souvent deux.

Cependant ne les cherchez pas au même endroit, ni même trop près de là, parce qu'ils s'éloignent un peu les uns des autres.

Si un bouquet de buissons vous paraît très bon pour le gîte du lièvre et que vous le traquiez sans l'y faire partir, que ce ne soit pas une raison pour ne pas l'y chercher quelques jours après, si vous passez par là, parce qu'il peut n'y être pas la veille et s'y trouver le lendemain.

Il est des époques où les lièvres sont obligés de changer de gîte.

Chassés des vignes pendant les vendanges, des châtaigneraies quand on récolte les châtaignes, des bois et bosquets pendant la glandée, et des guérets quand on sème les céréales, il faut bien qu'ils aillent se loger ailleurs, et c'est ainsi que les quartiers, déserts la veille, se trouvent habités le lendemain.

Dans les pays voisins des montagnes, il y a tous les ans des passages de lièvres.

Quand arrivent les grandes neiges et que la terre est dénudée dans ces parages trop froids, ils se hâtent de gagner la plaine et de chercher un climat plus doux qui puisse leur offrir leur nourriture quotidienne.

AUTRES OBSERVATIONS SUR LA CHASSE DU LIÈVRE AU CHIEN D'ARRÊT.

Si vous avez grièvement blessé un lièvre et qu'il entre dans une vigne, dans un bois, dans un endroit quelconque, serait-ce par le meilleur de tous les postes, gardez-vous bien de vous y placer pour l'y attendre, ce serait en vain, il n'y reviendra pas.

Il se défendra au moyen de ses crochets contre le chien qui le suivra; vous pourrez le voir plusieurs fois aller et venir, traverser les sentiers dans tous les sens, mais n'espérez pas de le voir arriver au poste. Vous le verrez venir droit à vous, et, quand vous croirez le tenir, il disparaîtra tout à coup.

Dans ce cas, il vaut mieux ne pas s'arrêter au poste, suivre le chien, et se placer au milieu des sentiers comme pour les lapins.

C'est que le malheureux a la conscience de son état, de sa faiblesse; il sent qu'il ne peut pas lutter de vitesse avec le chien qui le poursuit, et qu'il est perdu s'il s'aventure dans un sentier ou dans un chemin. Il ruse dans la vigne, dans le fourré, pour se dérober à la vue de son ennemi qui est implacable, et si acharné à sa poursuite qu'il s'emporte et qu'il perd la tête.

Le chien n'a plus de nez, il est fou... Il ne chasse plus qu'à vue, cherchant de tous côtés s'il ne voit pas courir le lièvre qui se blottit, épuisé de fatigue, et qui se laisse dix fois passer dessus par le chien qui ne sait plus ce qu'il fait.

J'ai vu des meutes de vingt chiens courants passer ainsi, sur un lièvre blotti de la sorte, et forcés de l'abandonner.

Dans ce cas, si l'on ne trouve la passée du lièvre d'aucun côté, il est certain qu'il est resté là, et on le cherche pas à pas. Si c'est dans une vigne, on le cherche sillon par sillon.

Si, le matin, votre chien trouve l'entrée du lièvre, soit dans une vigne close, soit dans un taillis, et que ce lièvre s'y soit remis après avoir *fait sa nuit*, le meilleur poste est à l'endroit de son entrée; il ressortira par le même endroit.

Si, au contraire, un lièvre couru ou seulement dérangé, pendant le jour, est entré dans une vigne close ou dans un bois, le plus mauvais poste est celui de son entrée; allez-vous placer à l'opposé.

On pourrait présumer, s'il n'est pas poursuivi, que, n'ayant rencontré personne sur son passage, il devrait naturellement revenir par le même endroit, dans la crainte de faire quelque mauvaise rencontre du côté opposé; mais comme il aura été dérangé, puisqu'il est en course en plein jour, l'instinct doit le porter à croire qu'il est poursuivi, ou que du moins il a été vu, et jamais dans ce cas il ne refoule sa voie. Il faut donc se porter en avant.

De même, si votre chien trouve la voie d'un lièvre qui vient de passer, et qu'il vous indique qu'il est entré dans une grande haie, dans un champ d'ajoncs, ou dans un ruisseau desséché, attendez-vous à le voir partir du côté opposé à celui de son entrée.

Chasse à deux.

La chasse à deux est plus agréable, plus fructueuse, mais il faut de la prudence.

Deux chasseurs qui savent s'entendre et qui n'y mettent pas de jalousie doivent tuer beaucoup de gibier.

Ils en lèvent bien davantage, et si ce n'est pas l'un qui tire, c'est l'autre.

Ils doivent chasser de front, et selon les circonstances, l'un se place et l'autre traque.

Quand les perdreaux ne veulent pas tenir, *aux heures où ils courent,* il est bon que l'un aille se placer et se cacher au bout de la vigne, tandis que l'autre les suit doucement dans la vigne et les pousse vers l'extrémité, ou bien ils marchent doucement l'un vers l'autre, et dans ce cas, il est rare que les deux chasseurs n'y tirent pas en même temps. Ils les ont mis entre deux feux.

Quand un lièvre est entré dans une vigne ou dans un fourré où l'on suppose qu'il est resté, l'un se place et l'autre traque pour le faire partir.

On fait de même, après six heures du soir, dans une vigne où l'on sait qu'un lièvre se tient habituellement; dans ce cas, il ne faut pas l'attendre aux postes; il se dérobe dans la vigne comme les lapins.

A cette heure-là, on les voit circuler et s'amuser dans les vignes non vendangées, principalement dans les vignes closes, entourées de haies.

Si l'on suppose qu'un lièvre se trouve ou se tient habituellement dans une haie, on la suit d'un bout à l'autre. Celui qui veut tirer suit le meilleur côté sans faire le moindre bruit, le plus doucement possible, tandis que son camarade traque et bat de l'autre côté.

Dans les bruyères, dans les landes, l'un se tient au bout du sentier, au poste, tandis que l'autre buissonne et traque les deux côtés du sentier.

Cette chasse est très meurtrière.

Chasse du Lièvre au gîte.

Celle-ci ne l'est pas moins.

Ici, Messieurs, je dois le dire, j'éprouve quelque répugnance à vous rendre assassins.

Mais s'il n'y a pas de gloire à tuer un lièvre au gîte, il est fort agréable de l'y voir, de savoir l'y trouver, et les *vrais amateurs* peuvent se donner le luxe de le faire partir.

Je vous laisse le choix. L'essentiel est de savoir le trouver.

Je vous ai déjà dit où se tiennent les lièvres; vous n'avez plus qu'à faire jouer la prunelle, c'est-à-dire qu'au lieu de buissonner et de traquer pour le faire partir, vous regardez attentivement et sans bruit si vous ne verriez pas sous quelque buisson ce petit être si timide qui, s'il est éveillé, ne sera pas moins étonné que vous de se trouver en votre présence.

Vous le saluez d'un coup de fusil, et tout est dit.

Si vous le voyez au gîte, à découvert, dans un guéret, dans une vigne, ou dans un champ de blé, reculez de quelques pas pour ne pas l'abîmer, mais si c'est une hase qui est dans son gîte, dans son petit trou, prenez-y garde, vous pourriez la manquer, j'en ai vu manquer plusieurs. Placez-vous de manière à ce que le coup plonge sur elle; si vous tirez horizontalement, les plombs ne feront que l'effleurer.

Si vous l'avez très près, tirez-lui sur la tête; sur l'œil, si vous l'avez par côté.

On a beau dire qu'un chasseur qui se respecte ne doit jamais tuer un lièvre au gîte; que c'est un assassinat plutôt qu'un acte d'un véritable chasseur.

Parler ainsi, c'est ce qu'on appelle *faire le beau*, et je doute fort que ces fanfarons qui le disent s'amusent à le faire partir lorsqu'ils se trouvent seuls, quand personne ne les voit. Oh! s'ils sont en compagnie, c'est différent, la fatuité se glisse partout, et dût-il le manquer, un novice même, inconnu dans une partie de chasse, préfèrera le faire partir et le manquer pour se donner les airs d'un chasseur.

D'ailleurs, s'il le manque, ce n'est pas sa faute: son

chien l'a dérangé, sa poudre est mauvaise, ou c'est un buisson qui l'a empêché de viser.

Pour moi, le bon chasseur est celui qui porte beaucoup de gibier, de quelque façon qu'il le tue.

Je comprends que l'on fasse partir un lièvre quand il y en a beaucoup, quand on en trouve, tous les jours, trois ou quatre dans une chasse, quand on est sûr de réparer sa faute, si on le manque.

Je comprends que l'on fasse partir un lièvre, quand on dresse de jeunes chiens courants et qu'on ne cherche qu'à le blesser pour le leur faire prendre.

Je le comprends encore, quand on a une bonne meute et qu'on veut se donner le plaisir de courir un lièvre et de le forcer.

Mais lorsque dans l'arrière-saison, on ne va qu'à la chasse du lièvre, avec un chien d'arrêt, et qu'on n'a d'autre but que celui de remplir son carnier, alors surtout que les lièvres sont très rares, je trouverais bien fou, pour ne pas dire autre chose, celui qui s'exposerait à le manquer en le faisant partir, quand il peut si bien le viser sur la tête.

Pour cette chasse que les vieux chasseurs en retraite peuvent faire en se promenant, il est bon de consulter les gens, les paysans, de s'informer où il y a des lièvres, et quand on en sait un, quand on connaît son quartier, il n'est pas difficile de le trouver, de le faire partir ou de le voir au gîte.

Je crois vous en avoir assez dit pour que vous compreniez cette chasse.

Sachant où les lièvres se tiennent, les ruses qu'ils font et les empreintes qu'ils laissent, que vous faut-il davantage?

Appelez à votre aide les principes que j'ai émis, que je vous donne pour certains, et sachez de plus qu'un lièvre dans son gîte est plus difficile à voir qu'un gîte vide, parce que la couleur de son poil se confond avec ce qui l'entoure.

Marchez donc *très lentement* et regardez *attentivement*, si non, vous le laisserez à quelques pas de vous, soit dans un guéret, soit dans un champ de blé.

Le lièvre pourra vous voir, s'il n'est pas endormi, mais il fera ferme et vous laissera passer.

Quelquefois aussi il partira sans que vous fassiez le moindre bruit, surtout si c'est un lièvre qui a été dérangé et qui vient de se mettre.

Vous verrez les mâles plus facilement que les femelles parce qu'ils ne font presque pas de gîte.

Ils n'y reviennent pas non plus comme les hases, pas autant.

Dans les champs de blé, *quand la terre est gelée,* il leur arrive souvent de se mettre au milieu d'un sillon sans faire de trou, et alors ils sont très visibles.

Si la terre est humide, trempée, et qu'il pleuve beaucoup pendant la nuit, *ils se mettent au haut du billon.*

Il en est de même de la hase. Avec le beau temps elle a *son gîte adossé contre le billon, la tête tournée vers le sillon.*

Avec le mauvais temps elle a son gîte *sur le billon.*

Les lièvres ont ordinairement plusieurs gîtes dans lesquels ils se mettent selon le temps qu'il fait. Ils en changent donc quelquefois. Aussi, quand vous trouverez un gîte vide, *s'il est propre, s'il n'est pas dérangé,* n'allez pas croire qu'il soit abandonné; vous pourrez y trouver le lièvre plus tard, quand le temps aura changé.

Si l'on fait partir un lièvre quelque part, sous des buissons ou ailleurs, sans qu'il ait été épouvanté, il faut chercher le gîte doucement, sans y toucher, sans rien déranger à l'entour.

On y revient tout doucement le surlendemain, et, s'il le faut, quelques jours de suite, avec la presque certitude de l'y trouver, s'il n'a pas été tué.

Une hase qui n'a pas été épouvantée n'abandonne son gîte que lorsqu'elle y a été dérangée deux ou trois fois.

Je vous donne pour très certain ce que je viens de dire, quoiqu'on trouve le contraire dans un traité de chasse des plus estimés, où il est dit :

« Il est rare que le lièvre reprenne le gîte qu'il » avait la veille, *il en fait un nouveau chaque* » *jour.* »

Comme les autres, je l'ai cru pendant longtemps, parce que je l'avais ouï dire, mais l'expérience m'a prouvé le contraire, pour les hases surtout.

L'année dernière, en temps prohibé, n'ayant pas le fusil, j'en ai fait partir une dans le même gîte, trois fois dans huit jours.

Et voici encore une preuve qu'un lièvre a plusieurs gîtes et qu'il y revient :

L'autre jour, vers le 10 octobre, une femme me dit qu'elle venait de faire partir un lièvre au milieu de ses choux.

J'y vais le lendemain, je n'y trouve que le gîte.

Je cherche aux alentours, partout où je pouvais le supposer, et je trouvai deux autres gîtes.

Il était donc à un quatrième que je ne trouvai pas.

Le lendemain j'y revins, peine perdue.

Enfin trois ou quatre jours après, repassant par là, je vais encore visiter les gîtes, mais rien au 1er, rien au 2e, et désespérant de le trouver au 3e qui était à 150 mètres, je m'en allais, lorsque tout à coup je revins sur mes pas, secouant ma paresse, et pressentant que j'allais l'y tuer.

En effet, je l'y trouvai tellement endormi que je lui portai le canon du fusil sur le bout du museau, mais tellement au bout que je ne lui fis sauter que les dents.

Il fait un bond, et tombe droit sur ses quatre pattes, élargies et tendues, comme pétrifié, ou cherchant à se remettre du coup.

Sans Médor, il allait jouer des jambes, mais le malheureux, comment aurait-il fait pour brouter les choux ?

Si l'on vous dit qu'un lièvre est parti dans un chaume, vous trouverez le gîte sous quelques ronces ou sous quelque touffe d'herbe plus apparentes que les autres.

Si l'on vous dit, *sans pouvoir désigner l'endroit,* qu'un lièvre est parti dans une petite plaine de chaumes, et que cette plaine soit divisée en plusieurs pièces séparées par de petits fossés ou petites haies, cherchez-le d'abord dans ces fossés et dans ces haies;

si vous ne l'y trouvez pas, il sera aux angles de ces pièces.

S'il y a deux fossés qui se croisent, il sera à l'un des quatre angles, à l'endroit le moins découvert, sous une ronce, sous une fougère, contre une tige quelconque.

Cherchez les lièvres, je le répète, sur les côtés et aux extrémités des pièces.

Vous les trouverez le plus souvent *sur les côtés*, vers le 7e sillon, du 6e au 10e; et *aux deux bouts*, à 10 ou 15 mètres tout au plus.

Rarement vous les trouverez au milieu des pièces (1), et vous devez, pour vos recherches, consulter la position topographique des lieux, voir de quel côté, par quel endroit il est à présumer qu'il est entré dans cette pièce pour deviner à peu près où il doit s'être mis.

Partout où vous trouverez des terres de quelque nature qu'elles soient, vignes ou chaumes, où l'on mène tous les jours le bétail ou les brebis, si elles

(1) Les levrauts se tiennent, au contraire, assez souvent au milieu d'un champ de pommes de terre, de fèves, de luzerne ou autres fourrages, etc., etc.

Suivez donc les côtés ou le milieu de ces champs, selon que vous cherchez un lièvre ou un levraut.

sont séparées par une bonne haie d'autres terres où ne va aucune espèce de bétail, et que dans cette haie il y ait un passage commode ou incommode, ou seulement un point qui soit plus bas que les autres, *plus facile à franchir*, s'il y a un lièvre dans le quartier, vous avez la chance de le trouver de l'autre côté de ce point ou de ce passage, dans un circuit de 15 mètres si c'est un guéret ou une pièce ensemencée, ou bien à 2 mètres environ si c'est de la brande, des buissons ou autre fourré quelconque.

Les petites pièces *clôturées* par de bonnes ou mauvaises haies que l'on trouve au milieu des champs et *où ne va pas le bétail*, leur conviennent beaucoup, quelle que soit la culture de ces pièces, seraient-elles même en jachère ou en guérets.

Les petites prairies, ainsi closes, leur conviennent aussi beaucoup à l'époque des regains, surtout pendant les fortes chaleurs, soit que l'on veuille couper ces regains, soit que l'on en réserve l'herbe pour la faire manger par les bœufs de travail, à l'époque des semailles.

Vous les trouverez, avec le beau temps, *dans les rigoles de ces prairies*, ou bien s'il y a des plantes plus élevées que l'herbe ordinaire, vous les trouverez sous quelque touffe de ces plantes.

Allez-y avec confiance s'il y a des lièvres dans le quartier, surtout si ces prairies se trouvent isolées au milieu des champs, ou près d'un chemin.

C'est que là ils se trouvent tranquilles et au frais.

Mais l'on conçoit que je veux parler de ces prairies qui ne s'arrosent que lorsqu'il pleut, et nullement de celles que l'on arrose à volonté.

J'ai dit que *tous les lièvres ont les mêmes habitudes et fréquentent les mêmes lieux, si bien que si vous tuez un lièvre dans un endroit, le premier qui viendra se fixer dans ces parages se fera tuer au même endroit, ou fort près de là.*

C'est si vrai qu'un braconnier m'a assuré avoir tué 13 lièvres dans 13 ans, un chaque année, dans un même carreau de vigne, entouré de plusieurs autres.

Moi-même, depuis 4 ans, je tue un lièvre tous les ans, au mois d'octobre, dans une prairie d'une trentaine d'ares d'étendue.

C'est la rente d'un lièvre que je prélève sur cette prairie qui, je l'espère bien, voudra me la continuer tous les ans.

A la fin de l'automne et pendant l'hiver, les lièvres se rapprochent des habitations et se tiennent dans les enclos, dans les jardins, pour être près de leur nourriture pendant le gros mauvais temps, pendant les grandes neiges.

On les trouve alors dans les haies de ces enclos ou jardins, dans les fossés les plus secs, dans les pièces de vesces, luzernes et autres fourrages, dans les févières, dans les colzas, les pièces de lin, betteraves, ravières, et dans les choux.

Ayez le soin de demander aux femmes de la campagne si le lièvre va leur manger les choux.

Vous en trouverez plus d'une qui vous dira l'y avoir fait lever, et qui sera bien aise que vous alliez l'y tuer.

RÈGLE GÉNÉRALE.

1er PRINCIPE. — Cherchez les lièvres partout où ils ne sont pas tracassés, partout où l'on ne mène paître aucune espèce de bétail.

2e PRINCIPE. — Ne cherchez pas les lièvres dans les endroits mouillés, *s'ils ont été mouillés pendant la nuit, ou le matin de très bonne heure, avant le point du jour,* soit par une pluie, soit par une abondante rosée.

3e PRINCIPE. — Attendez-vous toujours à voir partir un lièvre du côté opposé à celui où vous serez placé, pour peu qu'il vous entende ou qu'il vous ait entendu.

S'il est dans un fossé couvert d'une haie qu'il paraisse vouloir suivre quand il part, à moins que ce fossé ne soit très propre en dedans et qu'il ne puisse aller jusqu'au bout sans difficulté, il fera bien vite un crochet pour vous échapper du côté où vous ne serez pas, au premier trou qu'il trouvera.

Je m'arrête. — Je crois avoir complètement épuisé le sujet, et si je suis tombé dans des redites, je ne l'ai fait que pour mieux vous fixer.

Pardonnez-le donc à ma bonne intention.

FIN.

QUELQUES RÉFLEXIONS

SUR UNE JOURNÉE DE CHASSE AUX CHIENS COURANTS.

Nous avons été bien malheureux, dites-vous? Moi, je soutiens que nous avons été des maladroits.

Voyez, mon cher ami, réfléchissons un peu, rendons-nous compte de ce qui s'est passé, et mettons à profit notre chasse d'aujourd'hui. Cela vous servira.

Vous avez tenu à voir courir la meute de mon cousin, meute si renommée, qui force tous les lièvres. Vous l'avez vue, cette meute, vous en avez chassé, vous avez admiré la beauté des chiens et surtout leur belle chasse, et cependant vous n'avez pas lancé. Pourquoi?

Mais cette chasse infructueuse n'est-elle pas un enseignement pour vous?

Je vous le disais ce matin: la terre est ingrate, mauvaise, elle ne fournit pas, les chiens ne peuvent pas mordre sur la voie..., ils se regardent et ne travaillent pas comme les autres jours.

C'est que le vent a soufflé pendant la nuit, et il a plu. La brande est mouillée; le lièvre est en dehors du fourré, dans les guérets, dans les blés.

Vous n'avez pas voulu me croire. Longeons le bois, disiez-vous au piqueur; si nous trouvons une entrée, le lièvre sera bientôt debout.

Mais cette entrée que tant vous désiriez vous ne l'avez pas trouvée? Je vous ai laissé faire pour vous être agréable et aussi pour m'assurer encore de la solidité de mes principes. Et qu'avez-vous remarqué? Que les trois lièvres que nous avons trouvés ont voulu se mettre plusieurs fois dans le bois, mais que tous les trois ont reculé.

Et moi, n'ai-je pas trouvé 4 gîtes dans 4 buissons? Ces gîtes vides, abandonnés pour le moment, n'ont-ils pas aussi leur signification?

Cela ne veut-il pas dire que le lièvre, aujourd'hui, n'était pas dans le fourré, qu'il s'était mis au découvert dans les blés ou dans les guérets? Que c'était là qu'il fallait le chercher, et que si nous avions suivi mes principes, qui sont les vrais principes de la chasse du lièvre, nous ne serions pas revenus bredouille?

Laissez donc les fourrés, quand il a plu pendant la

nuit, lorsque vos chiens trouvent sur les bords et qu'ils n'y entrent pas. Qu'un seul vous donne l'idée de ce qu'ont fait les autres, et cherchez-les partout ailleurs que dans le fourré.

Le lièvre est un baromètre vivant. Il sent toujours d'avance le temps qu'il doit faire le lendemain, et c'est selon le temps qu'il change de domicile et de gîte.

Je l'ai déjà dit, je l'ai répété trois ou quatre fois et je ne saurais trop le redire :

Fait-il un temps sec et froid, cherchez les lièvres dans les bois, dans les fourrés, dans les buissons, dans les haies, dans les fossés.

Mais y-a-t-il changement de temps, veut-il pleuvoir, ou bien a-t-il plu pendant la nuit, les fourrés sont-ils mouillés ? N'y cherchez pas le lièvre, attachez-vous à le voir ou à le faire partir dans les terres labourées, dans les jeunes blés, dans les petites févières, etc., etc.

Il en est de même quand la brande est mouillée, soit par un brouillard, soit par les pleurs de l'aurore que l'on voit briller sur les branches, pour me servir de l'expression du poète. Défiez-vous de ces abondantes rosées, fuyez-les comme s'il avait plu, et cherchez les lièvres dans les endroits secs, à découvert.

Croyez-moi, suivez strictement tous mes principes pour toutes les chasses que j'ai traitées. Il n'y en a aucun de hasardé, ils ont tous pour base une longue expérience et des observations très souvent répétées. Que de fois j'ai eu à me repentir de ne pas les avoir suivis ! J'en ai toujours fait le *meâ culpâ*, et je m'adressais ce reproche latin :

Video meliora, probo que, deteriora sequor.

Il est essentiel de bien connaître les principes de la chasse.

La semaine dernière, me trouvant près d'un bois, je demande à un homme qui travaillait s'il ne saurait pas s'il y avait quelque lièvre dans le quartier. Oui, me dit-il, il y en a un que ma belle-mère a fait lever deux fois, cette semaine, dans cette petite plaine.

Celui-là est au sac, lui dis-je. Il est dans cette févière, ou bien tout à côté, dans le chaume. Il se trouva dans le chaume, et trois minutes après dans mon carnier.

Je passe près d'une lande; une bergère répond à

mes questions, que ses brebis ont fait partir un lièvre 2 ou 3 fois dans la brande. Il doit être là, lui
dis-je, et je trouve un gîte à l'endroit désigné. — Il
sera donc ici, et donnant un coup sur le buisson, le
lièvre part et s'élance au milieu des brebis qui m'em-
pêchent de le tirer.

Mais la veille de la foire, 12 décembre, ce fut encore mieux.— Je voudrais bien avoir un lièvre pour
demain, me dit madame D... qui avait du monde à
dîner. Je prends mon fusil à trois heures du soir, et à
5 heures j'avais deux beaux lièvres à la pendille.

Voici dans quelles circonstances :

Mon domestique me dit que, dans la matinée, les
chiens courants de M. P... avaient fait beaucoup de
tapage dans le quartier de Soumeillan, qu'ils avaient
trouvé deux quêtes, l'une au midi et l'autre au nord
de la maison, sans avoir pu lancer.

Je m'y rends aussitôt, je débute par le nord, et au
premier buisson que je traque, je tue le lièvre. —
Soumeillan accourt et me félicite. — Ce n'est pas
tout, lui dis-je, je vais en tuer un autre dans votre
vigne du midi.— Voyez-vous ce châtaignier? le lièvre est dans la haie, tout près de cet arbre; j'y vais,
et au premier coup, le lièvre part et tombe mort.

— Vous en savez plus que les chiens courants, me

dit-il, car ils ont rôdé dans cette vigne tout ce matin sans pouvoir le faire partir.

Le lendemain, le maître de la meute me dit, en passant : Hier soir, vous m'avez donné une bonne leçon!

— Ce n'est qu'à ces conditions que la chasse est véritablement attrayante, et tout le monde peut devenir aussi fort que moi en suivant mes principes.

— Savez-vous pourquoi je trouvai si vite le premier lièvre?

Parce que, quelques jours auparavant, j'avais trouvé un gîte qu'il avait abandonné, et qu'il n'était nulle autre part aux alentours de ce gîte.

J'en inférai qu'il avait changé de domicile et qu'il devait avoir fixé sa résidence de l'autre côté.

—Savez-vous pourquoi je trouvai si vite le second?

1. Parce que les chiens courants devaient avoir parcouru toute la vigne, et que, dès lors, il était presque inutile de l'y chercher;

2. Parce qu'il est de principe, je l'ai déjà dit, que les lièvres ne se tiennent guère dans les vignes où l'on mène le bétail, et notamment les troupeaux à laine.

Il fallait donc aller directement le chercher dans la haie.

Voilà tout le secret. ____

Oh! oui, j'ai bonne jambe encore, me disait l'autre jour un ci-devant, et bon œil... ajouta-t-il en se rengorgeant. Cré coquin, si un lièvre pouvait partir là, dans ce blé, comme je le fricasserais! et le voilà qui part... Il lui part sous les pieds, il lui tire ses deux coups et le manque.

Jamais homme plus penaud!

Cela veut dire qu'il ne faut jamais se vanter, pas plus à la chasse qu'à tout autre jeu, parce que les déceptions nous pendent à l'oreille.

Et pourquoi le manqua-t-il? parce qu'il se pressa trop.

C'est une faute énorme que commettent tous les chasseurs.

Pour se corriger, voir le volume pages 10, 143, 144.

Chasse prohibée.

AFFUT.

La chasse du lièvre à l'affût, qui se fait au crépuscule du soir et du matin, et pour laquelle, dans certaines localités, la ruse du braconnier a remplacé le fusil par des bourses, parce qu'elle est plus clandestine, est, sans contredit, la plus destructive.

1. Parce qu'un lièvre que l'on sait et que l'on veut tuer à l'affût est un lièvre mort;

2. Parce qu'on fait cette chasse en temps prohibé, principalement aux époques où le gibier se reproduit, et où les hases sont pleines ou viennent de *levrauter*.

L'année dernière, à la fin de juillet, trois semaines avant l'ouverture de la chasse, un braconnier à l'affût porta et vendit dans un hôtel, près de chez moi, une hase pleine qui avait cinq levrauts dans le ventre. Huit jours après, le même individu porta dans le même hôtel une autre hase pleine qui en avait cinq autres.

Il les avait tuées au même poste.

Voilà donc douze lièvres tués en deux coups de fusil dans le même quartier?

Combien ne dut-il pas y en avoir de tués à la même époque, dans tout le canton?

Combien dans l'arrondissement?

Combien dans le département?

Et s'il est vrai qu'il y ait en France 445,000 braconniers, comme la statistique le porte, n'est-ce pas plus d'un million de lièvres qui ont dû périr ce même mois?

Car tous les braconniers sont des chasseurs à l'affût.

Et si, dans un mois, ils font périr plus d'un million de lièvres, combien n'en font-ils pas périr dans toute l'année?

C'est incompréhensible! Personne ne s'en douterait, et il faut sérieusement y réfléchir pour s'en faire une idée.

Si ce million de lièvres parcourait nos coteaux et nos plaines, combien la chasse ne serait-elle pas plus attrayante, et combien n'y aurait-il pas de permis de chasse de plus?

C'est donc une très grande perte pour le trésor et pour les communes, et l'on ne saurait trop appeler l'attention de l'administration et toute la sévérité de la loi sur ces chasseurs à l'affût qui, en détruisant presque tout le gibier, nous privent des trois quarts de nos jouissances, nous qui payons et qui allons nous éreinter tous les jours pour ne pas trouver, quelquefois, une seule pièce de gibier.

Sur 25 francs que coûte le permis de chasse, il y en a quinze pour l'Etat et 10 pour la commune.

Cette répartition a été adoptée pour stimuler le zèle

des administrations locales qui veillent, en effet (dit le gouvernement), à la stricte application de cette partie de la loi.

Mais il paraît, ajoute le gouvernement, que, malgré *la vigilance* des maires, beaucoup de personnes réussissent à échapper à cet impôt, car on évalue à 445,000 le nombre des braconniers.

Je connais tous les maires du canton, et j'ose affirmer que pas un ne s'occupe de faire exécuter la loi sur la chasse; je dirai plus encore, c'est qu'ils sont presque tous chasseurs, et que plusieurs d'entre eux ne prennent pas le permis.

Les autres cantons doivent être comme le nôtre, et le gouvernement ne saurait trop se préoccuper de cette question.

Si les maires étaient *vigilants*, comme le dit l'administration, le braconnage serait bientôt détruit, car chaque maire connaît les braconniers de sa commune, et il leur serait très facile de les faire surprendre par les gardes ou par les gendarmes.

Les gardes, laissés tranquilles par les maires, sont d'accord avec les braconniers, et les gendarmes qui deviennent tous les jours plus sédentaires s'habituent aisément au doux *farniente* qu'ils préfèrent à des courses forcées après ces maraudeurs. Il faudrait donc *mieux récompenser* le zèle des gardes et des gendarmes qui verbalisent, et punir beaucoup plus sévèrement les braconniers qui chassent la nuit et en temps prohibé.

Il faudrait une forte amende, et surtout plus de prison. C'est *la prison seule* qui peut détruire le braconnage.

Voir le volume, pages 127, 129, 130.

Les Mésaventures d'un Chasseur.

(Episodes de chasse.)

C'était en 1829, il y a 37 ans, j'avais pour voisin et pour ami l'être le plus original du monde; il aimait éperdûment la chasse, et il était maladroit à ne pouvoir pas s'en faire une idée.

Il tenait essentiellement à se donner la réputation d'un bon chasseur: il emportait tous les jours à la chasse du gibier qu'il achetait, ou bien celui qu'il avait tué la veille et l'avant-veille, de sorte que, très souvent, il arrivaitle carnier rebondi. Un lièvre qu'il avait acheté au marché lui servait plusieurs fois, tant qu'il pouvait durer jusqu'à bonne venaison. En partant, il le cachait dans l'intérieur du carnier, et quand il revenait, il le mettait en dehors, dans le filet, lui laissant toujours sortir les pattes et les oreilles.

Pour les cailles, comme elles passent vite, Dieu sait combien il en avait jetées!

6*

Quand il n'avait rien à cacher, c'était un paquet d'étoupe de la grosseur d'un lièvre, et pour que l'on pût s'y méprendre, il avait le soin de ne pas trop s'approcher des curieux. Autant il les recherchait quand il avait été heureux, autant il les fuyait quand il ne portait rien. Son étoupe faisait volume, son carnier vu de loin paraissait plein, et cela suffisait à son amour-propre.

Il avait la manie de vouloir, aussi, que tout le monde sût quand il partait pour la chasse. C'était ordinairement le matin de bonne heure, il sifflait son chien, il appelait son milord *qu'il avait à ses talons*, il éveillait tout le quartier.

Bref, impatienté de me voir ainsi réveillé tous les matins, je résolus de lui jouer un tour. Je revenais de Cauterets et j'avais dans ma malle l'habit du brigadier de gendarmerie qui m'avait prié de le lui porter.

— Demain, il nous faut aller faire courir Marcel qui n'a pas le permis de chasse, dis-je à un de mes amis; j'ai l'habit du brigadier, tu n'auras qu'à le mettre, nous allons bien rire.

— C'est Morissot qui fera cette farce, me répond-il, il aime tant à s'amuser! il est si farceur!

Morissot accepte la proposition à cœur joie; il

était encore peu connu dans la localité, il n'y était qu'en passant, en visite chez des parents.

Le lendemain matin, à 5 heures, Marcel siffle comme d'habitude et appelle dix fois son milord. Je me mets à la croisée et lui demande de quel côté il se dirige.

Aussitôt qu'il est parti, je vais avertir mes gens, et Morissot, enchanté, met l'habit sous sa redingote.

Un coup de fusil nous découvre le chasseur, au milieu de la plaine, assez près d'un petit bosquet qui nous servit à merveille.

Marcel était à la remise d'une caille qu'il venait de manquer et que son chien ne savait pas lever. Il était si préoccupé qu'il n'eût pas entendu le canon tiré près de lui.

Nous eûmes donc tout le temps de faire nos préparatifs dans le petit bosquet.

Morissot endosse l'habit du brigadier et met une casquette, n'ayant pas de bonnet de police.

Certes, il eût été facile de voir que ce n'était pas un gendarme, mais la frayeur grossit les objets, et Marcel ne devait y voir *que du rouge.*

C'était un beau garçon, mais qui manquait de jarret, il avait les jambes de travers, il était bancal.

Morissot était efflanqué, grand et fluet. Il n'avait

que des jambes et des bras... il semblait tout taillé pour un télégraphe aérien.

Le voilà donc qui part à la course, comme une *manivelle*, et il allait tomber sur le chasseur, s'il n'eût pas toussé pour se faire entendre : hem ! hem !

Marcel se retourne, devient de mille couleurs et joue des jambes, comme si le diable l'emportait; mais qui n'a pas vu ces deux hommes courir et *battre la rosée*, comme ils le faisaient, n'a rien vu. C'était à pouffer de rire. Bertrand, qui nous avait suivis, se tordait, se roulait à terre, criant, riant et pleurant... et demandant grâce... surtout quand il les vit tomber tous les deux à la fois, comme deux capucins de cartes. — Marcel avait bronché, — Morissot s'était pris le pied à une ronce à deux bouts.

Ils se relèvent et reprennent la course de plus belle, mais Marcel qui a perdu la tête, se trouvant en face d'une grande haie qu'il ne peut franchir, pousse le haut du corps en avant pour aller plus vite, les yeux fixés à terre pour ne plus broncher, et prend la direction suivie en sens opposé par le gendarme, de sorte qu'ils allaient se heurter l'un contre l'autre sans un autre hem ! qui fit tressaillir le chasseur. Il se retourne et s'élance vers une maison qui, heureusement, se trouvait près de là.

Il y arrive éperdu…, tout essoufflé, monte précipitamment par une échelle au grenier à foin, mais la fermière qui le voit se cacher ainsi, sans l'avoir reconnu, crie au voleur! Pierre, François, Pascal, venez vite, nous avons un voleur au grenier. Ils accourent, ils s'arment de barres et de fourches, et Pascal allait monter à l'échelle, lorsque sa femme lui crie: Ne monte pas, il est armé jusqu'aux dents!

— Au fait, dit Pascal, il ne peut pas nous échapper, il faudra bien qu'il capitule, ne pouvant pas sauter, et il enlève l'échelle.

Mais notre homme qui faisait de longues oreilles, n'entendant pas la voix du gendarme, se rassure et sort du trou qu'il s'était fait dans le foin. Il passe la tête par une lucarne, et demande assez timidement à la femme où est le gendarme?

— Ah! c'est vous M. Marcel? lui dit-elle, j'ai eu bien peur, allez!

— Et moi donc, fit l'imbécile, un gendarme me tenait par la veste… Je lui ai échappé au coin du jardin.

Ils rirent beaucoup de cette mésaventure, et Pascal courut vite chercher du vin blanc pour le remettre de sa frayeur.

Morissot qui ne s'était pas approché de la maison,

venait nous rejoindre lorsqu'il aperçut un autre chasseur au milieu de la plaine. Il se mit à sa poursuite, et lui fit traverser la rivière ayant de l'eau jusqu'à la ceinture.

En présence de ce résultat, et de l'incurie beaucoup trop notoire des gardes et des gendarmes devenus trop douillets pour quitter leur coin du feu, je suis à me demander s'il ne serait pas utile de lancer, de temps en temps, quelques manivelles de ce genre à travers la plaine, c'est-à-dire des gendarmes postiches ou automates après les braconniers.

Il n'y aurait bientôt plus que les braconniers de la nuit, race, il est vrai, la plus maudite.

Le Brigadier.

Un autre jour, Marcel revenait bredouille, n'ayant pas même son étoupe, lorsqu'il aperçoit aux portes de la ville, quelque chose qui remuait, un petit animal qui se *rasait* au milieu d'une prairie.

Le désir que ce fût un lièvre le lui faisait voir de cette couleur, mais c'était si près de la ville !

Est-ce un lièvre ?

Est-ce un chat ?

Bah ! Chat ou lièvre, tout est bon, et pan !

Ce fut un chat, le gros matou de la voisine.

Le voilà tout fier de rentrer le carnier rebondi ; mais que faire de ce matou et du lièvre qu'il avait acheté et qu'il avait trimballé à la chasse trois ou quatre jours ?

Il invite à dîner le brigadier et le chevalier de Lagraignote, deux autres originaux s'il en fut jamais.

Le brigadier était un de ces types qu'on ne rencontre plus aujourd'hui. Il était un peu cassé, un peu bègue, et par dessus tout, gourmand comme une lèchefrite et possédant un superbe nez à rouge trogne.

Le chevalier de Lagraignote, ainsi appelé par dérision, parce qu'il n'était rien moins que noble, était un gascon, mais ce qu'on appelle le plus fin gascon de tous les gascons.

Grand écornifleur, véritable tondeur de nappes, il sentait les bons dîners à deux lieues à la ronde, et toujours et partout il trouvait le moyen de se faire inviter.

Il était de tous les repas, mais il faut dire aussi qu'il était si gai, si aimable, qu'on s'estimait heureux de l'avoir, et à ce sujet vous me permettrez, tout à l'heure, une petite digression pour mieux vous faire connaître ce type original.

Le dîner servi, on mange comme des ogres et l'on boit à pleins verres.

— Comment trouvez-vous ce civet de lièvre, dit Marcel? Oh! pour le coup, c'est une ca-carotte, dit le brigadier, ce lièvre, c'est c'est un lapin.

La cuisinière avait eu le soin d'enlever la tête et la queue du chat, mais la chair était blanche.

— Vous êtes connaisseur, brigadier, dit le gascon, mais ce chat écorché, n'est-ce pas un lièvre, ajouta-t-il, en montrant le rôti?

— Pour celui-là, je-je le respecte — *Bibamus* — et il ingurgite un verre de Jurançon.

— Savez-vous pourquoi, dit-il, les cha-chats n'aiment pas à se trouver sur le pa-passage de la-l'empereur?

— Ma foi, non.

— Pa-parce que les sergents de ville crient: cha-chats, peau bas! (chapeau bas).

Vous êtes un farceur, dit le gascon qui se met à chanter une chansonnette et à dire des gaudrioles.

— *Bibamus*, dit encore le brigadier, en savourant un morceau de râble.

Il trouva ce lièvre rôti si bon, qu'il résolut, *subito*, de faire la guerre aux braconniers qui ne lui en feraient manger aucun. Et il le résolut si bien que deux heures après il était en course avec deux gendarmes.

— Arrivez donc, criait-il aux fainéants qui n'allaient pas assez vîte, et qu'il dĕpassait de 25 pas, aiguillonné par le Jurançon.

Et comme il fesait de graves infractions aux règles de la ligne droite :

— Il tombera.

— Il ne tombera pas, disaient les gendarmes.

— Il tombera.

— Il ne tombera pas.

— Vous allez suivre toutes ces vignes, dit-il, et vous me rabattrez le *gibier*. Je vais me tenir caché derrière cette haie, je le saisirai au passage.

A peine sont-ils entrés dans les vignes qu'on aperçoit un chasseur courir tout essoufflé, vivement talonné par les gendarmes.

C'est encore Marcel que la peur étrangle, et qui saute, par dessus la haie, sur les épaules du brigadier qui tombe le nez à terre, et qui court à quatre pattes en criant à l'assassin !

Marcel tombe, aussi, de l'autre côté, abîmant son fusil contre terre, et ne songeant pas à le ramasser pour s'échapper au plus vite.

Le brigadier, revenu de sa frayeur, prend le fusil

de son amphytrion qu'il n'a pas reconnu, tant il avait
les yeux voilés de vapeurs bachiques, et se posant
en rodomont, à l'arrivée des gendarmes :

« J'ai lutté, dit-il, contre un Goliath..., un homme
» superbe..., *un étranger qui n'est pas d'ici*. Je l'ai
» terrassé... Je l'ai désarmé... Et il montrait le fusil
» de Marcel comme un trophée ! »

Le Lièvre sorcier.

Il y avait un lièvre qui fesait le désespoir de trois
chasseurs qui l'avaient lancé dix fois, et qui le per-
daient toujours au même endroit.

— Mais il faut qu'il soit sorcier, ce bigre-là, disait
Marcel en faisant inutilement le hourvari, car enfin
il ne vole pas, et il n'y a rien ici qui puisse le faire
perdre : il n'y a pas de chemins, pas de maisons,
rien qui le dérange; c'est l'endroit le plus facile, le
plus joli que l'on puisse trouver, et voilà que tout à
coup il disparait... il s'éclipse !... Et puis, vous ne
croirez pas aux sorcières, vous autres?

Et il vomissait des imprécations contre une pauvre vieille femme qu'ils avaient rencontrée le matin.

Oui, il faut qu'il y ait du plus ou du moins, se disait-il, et j'en aurai le cœur net.

Ou ce lièvre est sorcier, ou il faut que demain je sache ce qu'il devient.

En effet, le lendemain, avant de lâcher les chiens, il va se cacher à un endroit qui lui permet de voir venir le lièvre de tous côtés.

Bientôt, il entend le lancé; son cœur bat, ses yeux s'animent, et peu de temps après il voit arriver le lièvre qui longe la rivière et qui s'arrête à l'endroit *ensorcelé*. Puis, il le voit revenir sur ses pas, à 40 ou 50 mètres; il saute à droite et à gauche, et il s'élance sur un vieux saule incliné sur la rivière.

Les chiens arrivent, ils le perdent au même endroit, et notre homme, tout joyeux, attend les autres chasseurs.

— Eh! bien, Marcel, a-t-il volé cette fois?

— Non, il a sauté, le bigre! Et il leur montre le saule où le malheureux lièvre se tenait caché comme un petit singe.

Un coup de fusil part, le lièvre blessé tombe dans l'eau, toute la meute y saute et se le dispute... C'était curieux à voir! Ce fait ne prouva pas à Marcel qu'il y avait des sorcières, mais il vient à l'appui de mon assertion, *qu'un lièvre ne se gîte jamais sans avoir refoulé sa voie.*

Un Lièvre qui ressuscite.

Un jour, un lièvre mort, et bien mort, que Marcel venait de tuer et de mettre dans sa gibecière, après s'être bien assuré qu'il ne respirait plus, se laissa trimballer pendant plus d'une heure, lorsque tout à coup, il fait un bond et saute au milieu de vingt chiens qui se le disputent et que pas un ne sait happer.

Et le voilà qui part et qui disparaît, au grand étonnement de tous les chasseurs qui faisaient une halte pour déjeuner.

J'affirme que cette histoire ne vient pas de Moncrabeau, car j'étais présent à la scène, et ce qu'il y eut de plus extraordinaire, c'est qu'il disparut tout à coup, sans que l'on ait jamais su comprendre ce qu'il était devenu.

Les chiens le perdirent à cent mètres. — Marcel, tout confus, prétendit aussitôt qu'il s'était *envolé*, et qu'il entendait le vacarme infernal de la grande meute aérienne qui le poursuivait.

Le Lièvre forcé.

Un autre jour, Marcel étant à la chasse des chiens courants, il lui arrive de forcer un lièvre.

Jamais homme plus heureux que lui d'avoir pu le prendre par les oreilles.

Il le voit se débattre devant les chiens, poussant des gémissements, se plaignant comme un enfant, et tomber raide comme frappé de la foudre.

Il le prend, l'examine longtemps et le met dans son carnier. Il était raide et ne donnait aucun signe de vie, il était mort.

Jamais Marcel ne s'était retiré plus content de la chasse, mais il était écrit sur le grand livre qu'il aurait toujours quelques déceptions.

Arrivé sur la place et tout près de sa maison.

— Voyons, s'il est beau, lui dit le voisin.

— Superbe, mon ami, tu vas le voir.

Et il le sort du carnier par les oreilles qu'il avait toujours le soin de laisser paraître.

Mais le bouquin qui s'était reposé et qui avait repris des forces donne une si forte saccade avec ses

7

pattes de derrière, quand il se trouve en l'air, que les oreilles glissent entre les doigts de Marcel, et qu'il s'échappe dans les rues, mettant en émoi toute la ville, car tous les chiens du quartier, bouledogues, caniches et carlins se le disputent... se le renvoient... et font un si grand vacarme que tout le monde sort des maisons, ne sachant pas ce que c'est, les hommes armés de bâtons et les femmes de balais.

Ce fut une risée générale, une pluie torrentielle de quolibets contre le pauvre Marcel.

— En vérité, il arrive tous les jours à la chasse des faits si extraordinaires, si incroyables, que je ne suis pas étonné du proverbe qui poursuit partout les chasseurs, et c'est pour ne pas m'exposer à être, à mon tour, taxé de menteur que je m'arrête ici, n'osant pas raconter d'autres faits qui sont vrais, mais plus invraisemblables que ceux que je viens de citer.

Son Milord n'avait qu'une oreille.

Marcel aurait chassé mille ans qu'il n'aurait pas su tirer.

Aussi, peu confiant dans son adresse, il tuait à

terre toutes les cailles qu'il savait y voir, mais il les mettait en marmelade.

—On leur fait sauter la tête, lui dis-je, ou bien on les tire en dessous.

Le lendemain, voulant se corriger, il manque la caille et fait tomber l'oreille du chien.

Il tue son chien.

Le malheureux Blak avait remplacé Milord.

Marcel était si nerveux, si électrisé à la vue du gibier, que le coup partait malgré lui. Il ne pouvait pas se maîtriser, il tirait sans le vouloir, sans le trouver. Malheur à vous, si vous vous fussiez trouvé en face d'une pièce de gibier, il vous aurait tiré en pleine poitrine.

Blak s'avise, un jour, de souffler le poil d'un lièvre qui lui part sous le nez, Marcel manque le lièvre et tue le chien.

Dans la même année, il tua six oies qu'il toucha sur la tête en tirant une caille.

Il pocha l'œil droit d'une pauvre femme qui cueillait des haricots dans un maïs.

Et il cribla de plombs la figure d'un berger qui se trouvait de l'autre côté d'une haie.

Il avait, disait-il, tous les malheurs du monde.

Enfin, à l'âge de 30 ans, il mourut poitrinaire. *Heureusement,* disait un voisin, car autrement il aurait tué quelqu'un, ou il se serait tué lui-même.

Si vous avez de tels chasseurs dans votre voisinage, fuyez-les comme la peste.

Mais, Marcel était bon garçon. — *Requiescat in pace!*

Le Chevalier de Lagraïgnote.

Un jour, notre Gascon se trouvant sur les boulevards, à Paris, s'arrête devant un hôtel magnifique où il y avait grande fête et grand gala, à l'occasion du mariage de la fille d'un riche joaillier.

Entrer et se faire inviter eût été chose fort difficile pour tout autre que pour un Gascon.

Il se présente comme un niais, et fait demander le maître de la maison.

— *Moussiu,* lui dit-il, j'arrive de la Californie, *combien il vaut un lingot d'or comme le bras?*

Le joaillier fit de grands yeux et lui dit :

— Mon ami, je suis pressé en ce moment, vous reviendrez demain.

— Impossible, dit le Gascon, je répars cette nuit par le train dé quatre heures.

— Eh bien! dans ce cas, restez avec nous, nous traiterons cette affaire après dîner.

— Mais jé vais, put-être, déranger la companie?

— Pas du tout, mon cher Monsieur, nous serons heureux de vous posséder.

— Eh! bien, sandis! qué jé reste.

Le joaillier, tout préoccupé du lingot qu'il regardait comme une bonne fortune, faisait des politesses à l'intrus. — Mais vous ne mangez pas, lui dit-il.

> Comment, sandis! qué jé né mange pas!
> Eh! j'ai pur de manger l'assiette...
> Régardez... Elle est toujours nette;
> Quand jé suis à un von répas,
> Jé fais honneur à tous les plats.

On le trouva si drôle, qu'on s'amusa à le faire jaser.

— Etes-vous marié? lui dit-on.

— Pas tout à fait. J'avais une mienne prétendue qui s'est laissée mourir, la pauvre fille!

— Elle devait être jolie?

Il était bien un peu vorgne d'un œil...
Mais, qué ça fait, quand l'autre il y voit seul?

Boulez-vous voir lé compliment
Qué jé lui fis en l'avordant
Pour me faire connaître d'elle?

« Une vête, madémoiselle,
» Qui berrait, tout présentément,
» Dé votre œil droit lé manquément,
» Dirait que vous n'étiez point velle,
» Par défaut dé discernement;
» Mais moi que j'ai dé jugement,
» Je prétends que vous êtes telle
» Du sommet jusqu'au fondement,
» Car de votre œil le manquément,
» Du reste, n'est que peu de chose,
» Quand l'autre il y boit clairément. »

Après le café, le joaillier, tout rayonnant, prend notre homme à l'écart et le mène dans son cabinet.

— Vous disiez donc, mon ami, que vous avez un magnifique lingot d'or?

— Et non, Moussiu, qué jé né l'ai pas... *c'est en cas qué jé lé trouve!...*

SAINT-HUBERT

ou

UN DINER DE CHASSEURS.

Il est des pays où les disciples de Saint-Hubert ne manquent jamais de célébrer la fête de leur patron.

Tous les bons chasseurs de la contrée se réunissent — on chasse et l'on dîne.

Ce sont de ces dîners charmants, pleins de franchise et de cordialité, où chacun raconte ses petites aventures, ses exploits de chasse, et vous comprenez, dès lors, qu'il y a toujours grand assaut d'histoires et de mensonges.

Cependant,

Le vrai peut, quelquefois, n'être pas vraisemblable,

et l'on prend souvent pour des contes les vérités même les plus vraies :

Si je vous disais que, l'année dernière, j'ai couru et forcé deux lièvres qui ne voulaient pas se quitter;

qu'ils partirent ensemble, et qu'ils se suivirent ou s'en allèrent de front, comme un petit attelage, pendans plus d'une demi-heure; qu'ensuite ils s'éloignèrent d'environ 300 mètres, divisant ainsi les chiens de la meute, et qu'ils décrivirent deux lignes parallèles, pendant trois quart d'heure; et qu'enfin ils revenaient l'un vers l'autre, et se croisaient dans tous les sens, comme pour dérouter les chiens.

On eût dit une manœuvre combinée, mais leur ruse fut inutile, le bouquin ne tint qu'une heure et demie, et la hase deux heures.

Et puis, que l'on vienne dire qu'on ne doit jamais courir deux lièvres à la fois?

Je crois cependant qu'il convient d'ajouter: *Exceptio firmat regulam*, car c'est un axiome vieux comme le temps : *Duos qui sequitur lepores, neutrum capit.*

Si je disais encore qu'un lièvre presque forcé, ne sachant plus que devenir, entra dans l'église d'un village pendant qu'on chantait vêpres; qu'il sauta dix fois par dessus les têtes des hommes, et qu'il finit par se blottir contre le jupon d'une femme?

Voilà de ces anecdotes vraies, mais incroyables, qu'on raconte dans des parties de chasse, le jour de la Saint-Hubert. Les vétérans en ont des milliers à dire, qu'ils assaisonnent d'une foule de circonstances produites ou imaginées, et les conscrits, dans leur exaltation juvénile, hasardent aussi quelques prouesses qu'ils brodent le mieux possible, et finissent toujours par être d'une gaîté folle; sans cela, pour eux, la fête ne vaudrait rien.

On y glisse la chansonnette et chacun y joue son petit rôle amusant.

LE CHASSEUR EST GALANT.

Couplet pour être chanté en prenant le café.

AIR DE VAUDEVILLE.

Par le café la gaîté m'est rendue,
Ce bon gloria fait tressaillir mon cœur,
Oui, je le sens, la soif m'est revenue,
De ces flacons savourons la liqueur.

A nos transports, vous pardonnez, madame,
Car près de vous on est fou de bonheur...
Si ce flacon sait égayer notre âme,
Vos doux attraits enivrent notre cœur.

Par le café la gaîté m'est rendue,
Ce bon gloria fait tressaillir mon cœur,
Oui, je le sens, la soif m'est revenue,
Allons, amis, lichons avec ardeur.

7*

Autre couplet pour inviter à chanter la dame d'un amphitryon.

AIR DE VAUDEVILLE.

Nous sommes tous enfants de la folie,
Ce jour de fête est un jour de bonheur.
Chacun de nous, à genoux vous en prie,
Vos doux accents vont réjouir nos cœurs :

Chantez, chantez, notre reine chérie,
On vous entend toujours avec bonheur,
Car votre voix si douce, si jolie,
Part comme un trait... elle va droit au cœur.

Nous sommes tous enfants de la folie,
Ce jour de fête est un jour de bonheur,
Chantez, chantez, madame, on vous en prie,
Vos doux accents vont réjouir nos cœurs.

Le chasseur qui revient de la chasse dîne avec plaisir et fait sauter le bouchon.

CHANSON DE TABLE.

PREMIER COUPLET.

Laissons en paix les parlements,
Nos députés et les ministres,
Nous sommes tous de bons enfants,
Laissons le code et nos registres.

Refrain :

Couronnons nos coupes de fleurs,
Soyons gais, soyons bons soiffeurs,
    Chantons en refrain,
Vive l'amour et le bon vin.

DEUXIÈME.

C'est du Champagne et du Bordeaux
Que nous offre une table amie,
C'est du Médoc, c'est du Margaux,
Aussi divins que l'Ambroisie.

    Refrain.

TROISIÈME.

On a pour servir dans les cieux,
Hébé, sémillante et légère,
Nous, plus heureux que tous les dieux,
Notre Hébé nous sert du Madère.

    Refrain.

QUATRIÈME.

Toi, dont la grâce est le seul fard,
Toi, la seule Hébé que j'adore,
J'ai tant bu de ton doux nectar
Que la tête me tourne encore.

    Refrain.

CINQUIÈME.

Amis, dans ces joyeux instants,
Faisons trois serments authentiques :
D'être amoureux, d'être constants,
De briser les jougs despotiques.

Et tandis que nos sots dandys
Veulent singer les beaux esprits.
Jurons en refrain,
De fêter l'amour et le vin.

Le chasseur qui n'aime rien moins que l'exagération de la toilette, rit et s'amuse des gaudins :

LE DANDY.

(CHANSONNETTE NOUVELLE.)

(Air de la chanson du charlatan.)

Refrain :

Admirez ce gilet magnifique,
Mon frais paletot,
Mes bas chinés et mon jabot !
C'est myrifique,
Hyperbolique,
Je fais des jaloux...
Je les éclipse tous.

PREMIER COUPLET.

C'est, surtout, les jours de fêtes,
  Que je suis mirobolant;
Mais aussi que de conquêtes
Je fais en me dandinant.
    Refrain.

DEUXIÈME.

On a beau faire et beau dire,
Non, je ne suis pas si sot!
Les jaloux peuvent en rire...
Moi, je veux faire jabot.
    Refrain.

TROISIÈME.

J'ai la tournure divine,
Et toujours éblouissant....
J'apparais, et je fascine.
Est-ce donc être pédant?
    Refrain.

QUATRIÈME.

On a tort, je vous le jure,
De me citer pour un fat,
Car en moi, c'est la nature
Qui me donne cet éclat.
    Refrain.

CINQUIÈME.

On critique ma parure,
Hélas ! pourquoi m'en vouloir ?
Si je soigne ma figure...
Du dandy c'est le devoir.
    Refrain.

SIXIÈME.

Voulez-vous suivre la mode ?
Il faut du tact, le bon goût.
Quant à moi, tout m'accommode,
J'ai du tact... et voilà tout.
    Refrain.

SEPTIÈME.

Le matin, j'ai la moustache,
A midi, le barbichon,
Et le soir pour plus de grâce,
Je rase, tout, c'est du bon ton.
    Refrain.

L'HOMME A LA MODE.

(CHANSONNETTE NOUVELLE.)

Air de Vaudeville.

Refrain :

Oui, je suis fier, j'aime à suivre la mode,
J'ai de l'esprit, je ne suis plus niais.
Mais venez donc admirer ma méthode !
Je suis parfait à quelque chose près.

PREMIER COUPLET.

Dans les salons, les sociétés choisies,
Je ris, je chante et je parle de tout,
Je lance un mot, puis quelques facéties,
Cela suffit, et je tiens le haut bout.
    Refrain.

DEUXIÈME.

J'aime, surtout, la pointe et la saillie,
Dans mon cerveau, que l'on dit un peu lourd,
Se trouve aussi le sel de l'ironie,
Et quand il faut, je trousse un calembour.
    Refrain.

TROISIÈME.

Ce n'est pas tout, je suis un fort bel homme,
Et j'ai le chic... je ne suis plus moutard.
J'ai du maintien, surtout il faut voir comme
Je suis rusé... je suis un fin renard !
    Refrain.

QUATRIÈME.

Je suis gracieux, ma tournure est divine,
Et tous les jours, je suis ébouriffant !
Selon qu'il faut, je pose ou me dandine,
Ou bien je prends un petit air pédant.
    Refrain.

CINQUIÈME.

Il faut me voir dans ma belle parure,
Petit chapeau, noir habit, gilet blanc.
On dit, partout : quelle noble figure !
Je suis bien beau !... j'en conviens, je suis franc.
    Refrain.

SIXIÈME.

Mais à ravir, je chante la romance,
Auprès du sexe, on me dit un pendard.
Pour la polka, faut voir com' je la danse...
En vrai dandy... je suis chicocandard !
    Refrain.

SEPTIÈME.

Il le faut bien, car de moi l'on raffole
Dans les salons, dans les plus beaux logis.
Tout s'émeut... tout se rend à ma parole,
Je suis, vraiment, la terreur des maris !
    Refrain.

LA CHANSON DU CHARLATAN.

(Toute nouvelle pour qui ne la connaît pas.)

    Refrain :

Admirez ce spécifique unique,
    Qui guérit les maux
Passés, présents, futurs, nouveaux,
    Vrai stomachique,
    Odontalgique,
    Je le cède à tous,
Pour combien ? Pour deux sous,
Pour combien, Messieurs ?
Pour combien ? Pour deux sous.

PREMIER COUPLET.

Suc des plantes les plus rares
Que le roi Oxicogo
Fait cueillir par les Tartares
Dans les marais du Congo.
    Refrain.

DEUXIÈME.

Je n'en fais pas le commerce,
C'est un bas et vil métier;
En plein air, Messieurs, j'exerce
Pour le bien du monde entier.
    Refrain.

TROISIÈME.

Est-il besoin qu'on le prône?
Lui seul guérit sans douleur
Fièvre rouge, fièvre jaune,
Fièvre de toute couleur.
    Refrain.

QUATRIÈME.

Excellent pour les malaises,
Pour la gourme des enfants;
Il fait crever les punaises
Et vous rafraîchit les dents.
    Refrain.

CINQUIÈME.

C'est le vrai parfum des bouches
Flattant tous les odorats;
Il tue à dix pas les mouches
Et donne la mort aux rats.
    Refrain.

SIXIÈME.

C'est le roi des Antidotes;
Par un prodige nouveau,
Il sert à cirer les bottes
Et même à blanchir la peau.
    Refrain.

SEPTIÈME.

Par ses vertus admirables,
Ceci n'est point fabuleux,
Il rend les maris aimables
Et guérit les chiens galeux.
    Refrain.

HUITIÈME.

En Afrique, à Terre-Neuve,
J'ai guéri vingt rois en bloc,
Et j'en rapporte, pour preuve,
La peau du roi de Maroc.
    Refrain.

TOAST A SAINT-HUBERT.

—

LA LÉGENDE D'ARTUS.

A Saint-Hubert! qui fut, d'abord, le patron de la grande chasse féodale, et dont la sollicitude ne tarda pas de s'étendre à quiconque aimait ce noble et vaillant exercice.

Dans sa cellule, au fond des bois, Hubert passait les nuits en prière; mais aux premières lueurs du jour, il poursuivait le cerf dans sa fuite rapide, ou attaquait dans son fort le redoutable sanglier.

Si la légende l'avait compté plus tôt dans ses rangs glorieux, nul doute que son intercession puissante n'eût sauvé Artus et sa cour du terrible arrêt qui les frappa, en pleine chasse, dans les Landes de la Bretagne.

Cette histoire est donnée comme authentique par des paysans bretons qui ont vu, plus d'une fois, passer, aux douteuses clartés du matin, ces formes

aériennes, fantômes de chiens, de chevaux, de chasseurs, rasant le sol avec des bruits singuliers :

Nous avons vu, rasant la terre,
Passer un essaim vaporeux;
Il a glissé sur la bruyère,
Et dans l'espace solitaire
Planent des bruits mystérieux.

Un jour, dans la vieille Bretagne,
Suivi de nombreux chevaliers,
Artus parcourait la campagne.
En avant! chasseurs et limiers!
Dans la sombre et vaste bruyère,
On voyait du blanc palefroi
Ondoyer la longue crinière;
C'était une chasse de roi !

Mais dans le val la cloche tinte:
Déjà l'ermite est à l'autel :
Sa bouche entonne l'hymne sainte,
L'encens monte vers l'Eternel.
A genoux sur la froide pierre,
Ses mains jointes, le front courbé,
Artus commence une prière
Quand, soudain, le cor a sonné!

Le limier a lancé la bête
Qui fuit devant le tourbillon.
La meute, comme une tempête
Roule, en hurlant, dans le vallon.
Artus interrompt sa prière,
Il s'élance du seuil sacré.....
Mais, sous ses pieds tremble la terre,
Et dans l'air la foudre a grondé.

Les longs éclats de ce tonnerre
Courent dans le val, sur les monts;
Le soleil voile sa lumière,
Des cris sortent des bois profonds.
La nuit étend sur cette plage
Un manteau de deuil et d'effroi;
La voix de Dieu dans le nuage
A retenti comme un beffroi :

Je punis les rois sacriléges...
Va!... jusqu'au jour du jugement,
Plaines, forêts, sables et neiges
Sentiront ton vol haletant.
Allez! volez; rasez la terre,
Roi, chiens, piqueurs, beaux palefrois!
La voix se tut et le tonnerre
Grondait une dernière fois.

D. F.

PÊCHE

UN TRÈS BON PETIT COURS DE PÊCHE

OU LA

PÊCHE A LA LIGNE SIMPLIFIÉE

RENDUE TRÈS FACILE

POUR LES PLUS IMPATIENTS COMME POUR LES PLUS MALADROITS

Pêche aussi pour les Dames. Cela vous étonne?

Oui, je veux que les dames prennent autant de poissons que les plus habiles pêcheurs, et je n'exige d'elles que deux choses : qu'elles n'aient pas une trop grande crinoline et qu'elles n'aient rien de trop voyant dans leur toilette, car le premier principe de la pêche à la ligne c'est de bien se cacher, de faire en sorte de n'être point vu par le poisson.

On a beaucoup parlé, dans les journaux, d'une

oléagine de ne je ne sais quel officier de marine, et dont le petit flacon est vendu 5 francs.

Mais, grands dieux! que de pièces de cent sous jetées dans les rivières?

Cette oléagine attire, dit-on, le poisson, et voilà des milliers de pêcheurs improvisés qui se figurent qu'ils n'ont qu'à jeter la ligne dans l'eau pour prendre des poissons énormes et en grande quantité. Toutes les rivières sont envahies par de nouveaux pêcheurs, et, le lendemain, il s'y trouve autant de poisson que la veille.

Les flacons se vident et le poisson ne vient pas.

Est-ce la faute de l'oléagine? Non, c'est la faute des pêcheurs.

Avec toutes les oléagines du monde, vous ne prendrez rien si vous ne connaissez pas la pêche.

Comment voulez-vous réussir, si vous allez jeter votre ligne dans des endroits où le poisson ne se tient pas?

Cette oléagine vous est envoyée avec une instruction pour préparer votre appât, mais où le jetterez-vous, cet appât? voilà le difficile.—Un vieux pêcheur, intelligent, le comprend à demi-mot, mais un novice qui n'a jamais touché de ligne, que fera-t-il du meilleur appât du monde ?

Ce n'est pas ainsi que je procède, et je vais vous dire comment vous prendrez du poisson.

J'ai composé, moi aussi, une oléagine au moyen de laquelle je vous promets un succès certain. Elle est tout aussi bonne, j'en suis sûr, que celle tant vantée, et elle est beaucoup moins chère.

En vous servant de cette eau, vous aurez l'agrément de prendre, bien vite, un joli plat de poissons, toutes les fois que vous le voudrez; je dis un joli plat, car je ne pense pas que vous ayez l'ambition de vous charger de poissons dont vous ne sauriez que faire, et si tant est que vous soyiez insatiable, vous n'aurez qu'à pêcher longtemps.

C'est un amusement que je vous montre, permis à vous de le pousser jusqu'à la fatigue.

Je connais toutes les pêches, mais je n'en aime qu'une, et c'est celle que je vais vous apprendre : c'est la pêche à mi-eau ou la demi-volante, parce qu'elle exige moins de patience que les autres.

Cependant, je vous dirai quelques mots de ces dernières, et surtout ce qu'il est le plus essentiel de savoir :

La ligne volante exige beaucoup d'adresse, principalement dans les eaux dormantes, et elle devient fatigante parce qu'il faut courir beaucoup.

8*

Dans les eaux rapides, on pêche à la dérive et les plus maladroits peuvent prendre beaucoup de truites, en se cachant bien et en jetant la ligne partout, la laissant aller au gré du courant. On apprend bien vite à connaître les bons endroits; un peu d'expérience vaut plus que toutes les théories. Cependant, je dirai que dans les torrents, dans les eaux rapides, il faut jeter sa ligne dans les courants qui vont se briser contre une grosse pierre ou contre un rocher. C'est là, sous cette pierre, ou sous ce rocher, que se tient la truite, guettant les insectes que l'eau entraîne; mais ce n'est pas au ver qu'il faut pêcher dans ces endroits, c'est à la mouche ou à la sauterelle. Si l'hameçon n'est pas arrêté au passage, il glisse à droite ou à gauche de la pierre, et tombe dans un petit gouffre bouillonnant; mais ce n'est pas là que vous prendrez les truites, elles se tiennent un peu plus bas, tout près de l'endroit où l'eau reprend son cours.

Le ver est bon le matin et le soir, et c'est sur les bords de la rivière qu'il faut le promener à terre.

C'est principalement quand l'eau est trouble qu'il faut pêcher au ver.

La sauterelle est bonne de 9 heures du matin à 5 ou 6 heures du soir.

On vend, partout, des lignes toutes prêtes pour pêcher à la mouche artificielle, et sans être fort pêcheur, on peut très souvent s'amuser et faire de belles prises.

Il ne s'agit pour cela, que de savoir **choisir le jour**, de connaître le **temps favorable**, et ce temps est précisément celui qu'on ne choisit pas ordinairement.

Voilà ce que c'est que les préjugés! De tous les temps, on a dit que le vent n'est ni chasseur ni pêcheur, et c'est ainsi que l'on voit tous les jours une foule d'innocents partir pour la pêche avec empressement et pleins d'espoir toutes les fois que le ciel est sans nuages, que le temps est beau, calme et serein.

Oh! la belle journée, se dit-on.

Eh bien! c'est le contraire; croyez-moi, partez pour la pêche à la ligne volante ou à mi-eau quand le temps est sombre ou qu'il est orageux, chargé de nuages, quand le temps est lourd, pesant, chargé d'électricité.

Pêchez à la volante ou à mi-eau quand il fait du vent, surtout pendant le vent qui précède les orages.

C'est alors que vous ferez de belles prises. Mais restez chez vous si l'eau est claire, si le temps est calme et le ciel azuré.

Hirondelles.

Les hirondelles peuvent, aussi, vous servir de baromètre : partez pour la pêche si vous voyez les hirondelles voler très bas, raser la terre.

N'espérez pas, si elles volent haut, la journée sera mauvaise.

Et tout cela s'explique;—quand il fait du vent, les branches des arbres sont agitées, les chenilles et autres insectes qu'elles contiennent tombent dans l'eau, et le poisson les attend avec avidité; de même les mouches, les moucherons et autres insectes volants qui traversent la rivière s'y trouvent précipités par quelques coups de vent, et les hirondelles qui rasent la terre annoncent que les moucherons sont très bas, qu'ils effleurent l'eau, et que le poisson est toujours là qui les guette et les attend.

Pour la ligne de fond, c'est-à-dire pour la plonge, pour la ligne dont l'hameçon touche à terre ou fort près de terre, il faut trop de patience.

Pour cette pêche, il faut au contraire que le temps soit calme et que le vent ne souffle pas; mais le temps sombre, lourd, pesant, chargé d'électricité et de nuages orageux est aussi le meilleur.

Une eau limpide, claire et transparente, avec un ciel azuré, dépouillé de tout nuage, temps amené par le vent du nord, n'a jamais rien valu pour aucune pêche à la ligne.

Ne pêchez donc pas avec le vent du nord, il est froid et le poisson se cache.

Pour pêcher à la plonge, il n'est rien de tel que d'appâter le poisson. On va jeter du blé, de la tripaille, des boulettes de mie de pain ou autres appâts, dans les endroits où l'on veut pêcher.

Allez appâter deux jours de suite au même endroit, à la même heure, et le troisième jour, à la même heure, allez y pêcher, vous êtes sûr de réussir, si vous avez bien choisi l'endroit.

Les vers sont une excellente amorce dans toutes les saisons, mais il faut savoir les choisir et les employer.

Les meilleurs pour les goujons, pour les tanches, pour tous les petits poissons, et pour la pêche à mi-eau, sont ces petits vers bariolés qu'on trouve dans les fumiers et dans les terreaux bien pourris; pour les gros poissons, on choisit les vers rouges et les , achées ou vers à deux colliers; on tient ces derniers dans de la mousse pour les rendre plus jolis, plus rouges et plus fermes.

Pour pêcher dans les petits courants et dans les remous, on ne met que la moitié d'un gros ver qu'on laisse traîner par terre, et on laisse, aussi, sortir un peu la pointe de l'hameçon (pas avec les petits vers bariolés).

Pour pêcher à fond dans l'eau dormante, on prend un gros ver entier qu'on pique par la tête, et on laisse sortir un peu la pointe de l'hameçon entre les deux colliers.

Il faut toujours, pour toutes les pêches, que le ver soit en vie et qu'il remue; il faut donc le changer souvent.

Mettez à vos lignes des plombs de chasse fendus, plus ou moins, selon les endroits et la rapidité des courants.

Proportionnez votre flotte ou bouchon de liége au poids du plomb, et ne tirez jamais, quand le poisson mord, que lorsque la flotte s'enfonce et disparaît. Vous en manquerez beaucoup, si vous tirez trop tôt.

Je vous répète de laisser toujours sortir un peu, mais pas trop, la pointe de l'hameçon, *quoique l'on dise qu'il faut le cacher autant que possible.*

Ce serait faire trop d'honneur au poisson que de supposer qu'il peut comprendre que cette pointe est piquante. Il ne voit que l'appât, et quand il se pique, il est pris.

Dans la belle saison, pêchez dans les remous et les courants.

Pendant l'hiver, ne pêchez que dans les grands fonds.

Pendant les fortes chaleurs, pêchez au point du jour, et le soir depuis 4 heures.

Pendant l'hiver, pêchez à 10 heures du matin, à 2 et 3 heures du soir.

Avec le froid, le poisson est engourdi et ne sort guère pour manger avant 10 heures; le soir, la température baisse, et il rentre de bonne heure dans ses retraites.

Barbeaux.

Pêchez, surtout, les barbeaux pendant l'été, au crépuscule du matin, et le soir dans les remous et les courants; pendant le jour, dans les grandes eaux, il ne faut les chercher que dans les endroits sableux ou pierreux.

Quand l'eau est basse, pendant l'été, et qu'il vient tout à coup une forte crue d'eau, allez de suite pêcher le gros barbeaux dans les remous profonds et agités. S'il y a de grandes chutes d'eau, de petites cascades, pêchez tout près de ces chutes, aux endroits où l'eau commence de prendre le courant. Arrangez votre ligne de manière qu'elle soit très lentement entraînée par le courant.

Une bonne méthode, aussi, quand on pêche dans ces endroits, c'est d'avoir à la ligne deux hameçons placés à 50 ou 60 centimètres l'un de l'autre. Vous les jetez dans les eaux qui bouillonnent, avec assez de plomb pour que la ligne ne soit pas emportée, et vous la soulevez de temps en temps, tenant en l'air le premier ver seulement, le laissant retomber ou le laissant aller au caprice des flots.

C'est là que vous prendrez les plus gros barbeaux. Vous prendrez les petits dans les courants.

Il faut de gros vers, et il faut qu'ils soient en vie.

Les vers rouges, les achées, les asticots ou vers de viande qu'on fait grossir dans le son forment une bonne amorce; mais les vers par excellence ce sont les vers à soie.

Pâte.

*Excellente amorce pour tous les poissons, notam-
ment pour les Barbeaux et les Carpes.*

Mêlez et broyez ensemble :

1° Une grosse poignée d'asticots; ceux d'une tête
de mouton, qu'on fait pourrir sur un toit ou tout
autre lieu où puisse aller la mouche vermineuse,
sont les meilleurs;

2° 6 grammes de fromage de gruyère, le plus
pourri que vous trouverez;

3° 6 grammes de fromage de Roquefort, le plus
pourri possible.

4° De la mie de pain bien pulvérisée. Faites-en
une pâte : mettez-là dans un pot qui ne soit pas fer-
mé ou à peine, et mettez ce pot dans le fumier pendant toute la nuit.

Cette pâte fermente et gonfle beaucoup; on amorce
l'hameçon avec cette pâte.

Elle est encore meilleure si l'on y ajoute du créton
ou pain de suif réduit en poudre.

Si l'on jette deux jours de suite, à la même heure,

des boulettes de cette pâte dans un endroit convenable, et qu'on aille y pêcher le lendemain, à la même heure, on est assuré de réussir.

On peut jeter ces petites boulettes avec quelques poignées de blé pour faire moins de dépenses, et le troisième jour on pêche avec les boulettes seulement.

C'est au mois d'août, principalement, qu'on réussit bien avec cette pâte; on pêche dans des remous profonds et agités où se trouve un fond de gravier et de cailloux, et comme c'est là que se tiennent les gros barbeaux, il faut une ligne solide qu'on fait glisser près du fond.

Goujons, Tanches et Carpes.

Voulez-vous prendre des goujons dans les rivières, des tanches et des carpes dans les viviers?

Faites un mélange de son avec du crottin de cheval bien divisé, et un peu de cette terre glaise qu'on trouve près des rivières et des fossés.

Ajoutez-y un peu de bouse de vache, faites-en des boulettes de la grosseur d'une pomme, et trempez-les dans le purin des étables.

Si vous voulez encore mieux réussir, aspergez

avec de l'*oléagine*, le mélange de son, de crottin et de bouse, au moment de faire les boulettes.

Avant de préparer vos lignes, jetez, aux endroits où vous voulez pêcher, trois ou quatre de ces boulettes.

Pour les goujons, il faut les jeter dans les petits remous, aux entrées des gouffres; et partout ailleurs, dans les endroits où le fond est couvert de sable.

Les meilleures amorces sont les asticots, les vers rouges et surtout les petits vers bariolés dont j'ai déjà parlé. Piquez-les par la tête et laissez-les entiers; changez-les toutes les fois qu'ils ne remuent plus.

Mettez à votre ligne un petit bouchon de liége, les grains de plombs convenables, selon les endroits, et deux petits hameçons irlandais, choisis très piquants. Il faut qu'un hameçon traîne à terre et que l'autre soit à peu près à 2 pouces du fond.

L'heure la plus convenable est, comme pour les barbeaux, au crépuscule du matin; mais si elle est convenable pour eux, elle peut ne pas l'être autant pour vous, et, dans ce cas, vous pouvez les pêcher et en prendre plus ou moins à toute heure du jour, en jetant des boulettes.

Si vous n'en avez pas, prenez une perche ou une barre, et remuez le fond, c'est-à-dire le sable, de manière à troubler l'eau, et mettez votre ligne à cet endroit. Le goujon est attiré par cette eau trouble, et quand elle s'éclaircit, il aperçoit le ver et va vite le saisir.

Ne vous pressez pas de tirer; il n'abandonne pas le ver quand il l'a touché, laissez-le donc bien s'enferrer.

On commence de pêcher le goujon au mois d'avril; les mois de mai et juin sont très bons, mais la meilleure époque, pour cette pêche, est du 1er août au 1er octobre.

Choisissez un temps doux, que l'eau ne soit pas froide. Le temps orageux est le plus favorable.

Pêche à mi-eau.

On ne donne à la ligne que deux empans de profondeur, 50 centimètres à peu près.

Au lieu d'un bouchon de liége qui serait trop apparent, on met un petit chalumeau de plume hollandée, qu'on fixe à la ligne au moyen de deux petits morceaux de liége placés à chaque extrémité, de manière à pouvoir donner plus ou moins de profondeur, selon le temps qu'il fait, et d'après les endroits où l'on pêche.

Au printemps, lorsque les poissons blancs commencent à voltiger, quand le temps est chaud et que le vent souffle (pourvu que ce ne soit pas le vent du nord) quittez la ligne stationnaire et pêchez à mi-eau.

Amorcez avec un ver bariolé, ou la moitié d'un ver rouge en vie.

Cachez-vous bien en approchant de l'endroit où vous voulez pêcher, et laissez doucement tomber votre ligne.

Si vous ne voyez aucun poisson, promenez le ver à la surface de l'eau et laissez-le s'enfoncer tout doucement.

Si le poisson est en mouvement, vous en prendrez bien vite quelques-uns.

Si la journée est mauvaise, si le poisson demeure caché dans ses retraites, il faut le provoquer et l'attirer, en fouettant l'eau avec votre ligne; vous la jetez contre les tertres et vous attendez une minute; vous la jetez encore et vous attendez un moment, enfin vous la jetez 10, 15, 20 fois de suite, jusqu'à ce que le poisson arrive, et s'il n'en vient aucun après le 15e ou 20e coup, changez de place et faites de même.

Cela se fait dans les grandes eaux; dans les petites, 4 à 5 coups suffisent.

Quand on commence de faucher les prairies artificielles, prenez les premières sauterelles qui arrivent. C'est la famille des grandes sauterelles, mais elles sont jeunes et tendres, leurs ailes commencent à peine à pousser. C'est un excellent appât, d'autant meilleur que vous leur offrirez les premières qui paraissent.

On les enfile par la tête, on leur enlève les grosses pattes, et on les laisse entières si elles sont encore petites.

Si elles ont de longues ailes, on les leur coupe et on leur laisse un peu de cette partie blanche et fine qui est en dessous.

Quand ces sauterelles sont trop grosses, on n'en met que la moitié.

Il faut mettre un petit plomb de chasse à un pouce et demi de l'hameçon pour faire enfoncer la sauterelle, il n'en faut pas pour le ver.

Puis vient la petite sauterelle, verte ou jaune, qu'on trouve dans les prés, et qui dure longtemps.

On leur coupe les grosses pattes avec les ongles, et on les enfile par la tête, de manière que le dos soit en dedans de l'hameçon et le ventre en dehors.

Il faut aussi que la pointe de l'hameçon ressorte au bout de la sauterelle, parce que ce bout est très dur et que l'on manque beaucoup de poissons si on ne laisse pas sortir la pointe de l'hameçon.

Si elle ne sort pas, le poisson, en tirant, n'enlève que cette partie dure qui cache l'hameçon et qui l'empêche de s'accrocher, et le pauvre pêcheur, qui n'en connaît pas la cause, dit que ce sont des vérons, ou de petits poissons qui n'ont pas faim, qui s'amusent à prendre le bout de la sauterelle.

Ce cas se présente très souvent. Vous voyez la plume s'enfoncer, vous tirez avec l'espoir de prendre un gros poisson, mais, ô déception trop souvent répétée!... rien ne pend à votre ligne où vous n'avez plus qu'une sauterelle mutilée.

Si vous mettez une mouche de cuisine à cette pointe de l'hameçon, que vous laissez paraître, votre coup devient plus sûr. Ayez donc, quand vous partez pour cette pêche, une petite provision de mouches dans une boîte.

Les meilleures journées pour cette pêche sont, comme je l'ai déjà dit pour la volante, les journées sombres, chaudes, orageuses, quand le vent souffle et que l'eau est, non pas trouble, mais un peu blanche.

Quand l'eau est limpide, claire et transparente, la pêche est beaucoup plus difficile, et c'est alors surtout, qu'il faut bien se cacher, et ne pas laisser voir la ligne.

Il faut pêcher à l'ombre, autant que possible, et ne pas vous placer au soleil pour que l'ombre de votre corps et de vos mouvements ne se projette pas sur la rivière.

Pour pêcher à mi-eau, jetez votre ligne sans aucun mouvement de bras, c'est le poignet seul qui doit agir; et dans les endroits où l'on se trouve gêné par les branches, on introduit la ligne le mieux qu'on le peut, on prend l'hameçon avec la main gauche, on tire la ligne de manière à faire faire ressort au bout de la gaule, et on lâche l'hameçon qui, par ce faible mouvement, se trouve envoyé sur l'eau, de l'autre côté de la rivière.

Il y a aussi deux manières de jeter la ligne à mi-eau; les uns la jettent, de manière que l'hameçon tombe et donne sur l'eau un petit coup sec qui fait *tac!* Les autres font tomber la plume avant l'hameçon, de manière à produire ce mouvement sur l'eau : *Pa-tac.*

Les deux modes sont bons; il n'y a qu'à s'exercer à l'un et à l'autre, et à les employer selon la position des lieux.

Moulins.

Pêchez près des moulins, il en est dont les canaux sont très favorables à la pêche. S'il y a du poisson dans le canal qui est en amont, vous en prendrez infailliblement, à mi-eau, surtout quand le moulin travaille et que l'eau commence à diminuer, parce que le poisson se met alors en mouvement pour pâturer.

Sous les moulins, tout près des rouets, s'il y reste de l'eau et qu'il y en ait seulement deux empans, vous avez la chance d'y prendre bien vite quelques poissons.

L'endroit de la rivière où tombe le canal de fuite du moulin est aussi très bon, surtout dans les remous.

Dans les petites rivières composées de gouffres, pêchez d'abord à l'entrée, puis au milieu et à la fin des gouffres.

On ne reste pas longtemps à la même place, et l'on doit en changer toutes les fois qu'on a pris deux ou trois poissons.

Si, pendant que vous pêchez à l'eau morte, vous

voyez tout à coup arriver une crue d'eau produite par une pluie d'orage ou par le travail d'un moulin supérieur, quittez vite la place où vous êtes, et transportez-vous et pêchez à l'entrée des gouffres, non plus à mi-eau et à la sauterelle, mais au ver traînant à terre ou très près de terre.

Pêchez dans les courants et dans les remous et mettez quelques grains de plomb fendus à votre ligne.

Si vous n'avez pas de vers, servez-vous de sauterelles.

Ne vous acharnez pas à pêcher au même endroit; si vous ne prenez rien, voltigez d'un gouffre à un autre.

Aussitôt que la crue disparaît et que l'eau se retire, reprenez la sauterelle et pêchez à mi-eau, dans le gouffre et à sa sortie tout près du gué, par ce que le poisson est rentré dans le gouffre et qu'il y en a toujours quelqu'un qui va voir si l'eau n'a rien laissé sur le gué.

Donnez toujours plus ou moins de fond à votre ligne, selon les endroits, selon le temps et selon la nature de l'eau.

Lavandières.

Si vous trouvez des femmes qui lavent une lessive de linge à l'entrée d'un gouffre, et que l'eau soit blanchie par le savon, allez-y pêcher avec confiance et ne craignez pas de jeter votre ligne près des laveuses.

Après avoir pris quelques poissons, vous devez vous éloigner, mais si vous y revenez quelque temps après, vous en y prendrez d'autres.

Sauterelles.

Les premières pêches que l'on fait avec la sauterelle sont ordinairement très agréables et très fructueuses quand le temps est convenable; aussi tous les pêcheurs se hâtent-ils d'employer cet appât.

Mais qu'arrive-t-il? Le poisson a été tant de fois trompé et épouvanté par un jet maladroit de la sauterelle, qu'il n'en veut plus.

Aussi, tandis que les autres pêcheurs s'acharnent à ne pêcher qu'avec la sauterelle, hâtez-vous de la quitter bien vite, et d'employer tout autre chose, la mouche naturelle, ou le petit grillon des boulangers, qui est aussi très bon.

Vous prendrez ainsi des poissons quand les autres n'en prendront pas, et vous leur laisserez croire que c'est avec la sauterelle que vous les prenez.

En un mot, soyez les premiers à l'employer et les premiers aussi à la quitter; autrement dit, cette pêche doit être variée.

Allez à l'article de la truite, page 134.

J'ai déjà dit que ceux qui n'ont jamais touché de lignes peuvent prendre beaucoup de truites, dans les journées favorables, en pêchant à la dérive dans les cours d'eau rapides.

Il n'en est pas de même dans les endroits où l'eau est calme, dormante.

Il faut savoir jeter la mouche et l'envoyer adroitement sous les berges, contre les tertres, près des rocs, sur les racines, près des roseaux, sous les arbres, car c'est là que les belles truites se cachent quand il fait un beau soleil qui darde ses rayons sur une eau claire et limpide.

Il faut alors se servir de petites mouches, et ne pas pêcher à l'heure de midi qui est la plus mauvaise de toutes, à moins que le vent ne se lève et n'agite les branches.

Si le vent souffle et que le temps soit nébuleux, vous pouvez pêcher toute la journée.

Changez les mouches artificielles, suivant la violence des vents et l'état des eaux.

Prenez les plus petites, pendant le calme plat, les moyennes par un vent ordinaire, et les plus grosses quand le temps est à la tempête.

Si le temps est calme, ne vous arrêtez pas aux eaux dormantes, préférez les courants, les eaux bouillonnantes.

Choisissez, au contraire, les eaux mortes quand le temps est à l'orage.

Dans les grandes rivières, on pêche la truite avec le ver, sans flotte ni bouchon à la ligne.

Dans les petites rivières composées de gouffres, on les pêche comme les autres poissons à l'entrée des gouffres, dans les petits courants, dans les petits remous, avec un ver traînant à terre. On met un petit bouchon de liége à la ligne, quelques petits grains de plomb, pour qu'elle ne soit pas entraînée trop vite, et l'on réussit très bien si l'eau est un peu trouble.

On en prend, quand l'eau est trouble, en promenant un ver de terre entre deux eaux, le long des berges.

On les pêche aussi à mi-eau quand elle n'est pas trop claire, avec la sauterelle, en mettant pour flotte à la ligne un petit morceau (un pouce à peu près) de plume d'oie hollandée à l'eau bouillante.

On la pêche aussi très bien avec la mouche naturelle dont je parlerai plus bas.

Ruisseaux. — Torrents.

Si vous rencontrez des ravins où les eaux s'engouffrent, des ponts, des voûtes sous les rochers où les eaux disparaissent, c'est là que vous devez jeter votre ligne, parce que c'est là que surtout au milieu du jour, la truite se rassemble en foule, jouant contre les parois de ces ravins ou de ces voûtes, et y guettant sans cesse les insectes que l'eau entraîne.

Poissons d'amorce, vivants.

On pêche encore la truite entre deux eaux, en mettant à la ligne un petit véron vivant.

On se sert d'un petit hameçon irlandais très piquant.

On perce avec la pointe de l'hameçon qu'on fait ressortir en dessus, la lèvre supérieure du véron qui, malgré cette blessure, nage à merveille et vit très lontemps.

Quoique l'hameçon reste nu et très apparent, on prend de cette manière, truites, perches et brochets.

On choisit des bords ombragés et solitaires, et l'on veille à ce que le poisson-appât ne descende jamais à plus d'un mètre dans l'eau.

Poissons morts pour appâts.

On prend aussi de belles truites dans les eaux rapides, avec un véron mort.

Après l'avoir lancé dans l'eau, on le laisse descendre un peu, entraîné par le courant et on le fait remonter comme s'il nageait. On continue toujours ce mouvement, en le ramenant vers soi, peu à peu, et on le jette encore plusieurs fois.

Il y a des pêcheurs qui au lieu d'un hameçon en mettent trois, un à la tête, un au milieu du corps et l'autre près de la queue.

On vend, au reste, des lignes toutes prêtes avec plusieurs hameçons et des émérillons, et l'on prétend qu'il n'y a pas d'appât plus meurtrier pour la perche, la truite et le brochet, qu'un véron mis à des lignes ainsi préparées.

Véron vivant.

J'ai pris de très jolis poissons blancs et de belles anguilles, en allant placer le soir, pour les lever le lendemain matin, des hameçons ainsi amorcés :

Prenez environ 30 centimètres d'un bon cordonnet de soie, et attachez-y fortement un petit hameçon irlandais, de ceux que l'on emploie pour les goujons. Ce sont les meilleurs, parce qu'ils ne sont pas trop ouverts et qu'ils sont assez solides, quoique petits.

Attachez une pierre à une petite corde au bas de laquelle vous attachez aussi votre cordonnet amorcé du véron, et descendez cette pierre au fond de l'eau.

Le véron se met à nager, il est aperçu et dévoré par le gros poisson.

J'ai bien réussi partout, dans les eaux dormantes et profondes, à l'entrée et à la sortie des gouffres, sur les gués. Pour les anguilles, il est bon de placer le véron aux courants.

Pour pêcher aux gués où vous ne pouvez pas

attacher votre corde sur la rive, ayez un cordonnet plus long que vous attachez à une grosse pierre, mettez le véron dans l'eau, et la pierre sur le bord de l'eau.

J'ai eu plusieurs pierres emportées par de gros poissons ou par des anguilles; mettez donc une pierre assez lourde, ou bien mettez-en deux.

Cette pêche m'est toute particulière. Je n'ai jamais compris que personne la fît ainsi, et je la déclare très meurtrière.

Je ne crois pas qu'il puisse y avoir un meilleur appât pour les anguillères ou cordeaux de nuit.

Mouche naturelle.

La pêche avec la mouche naturelle est une des plus agréables et des moins fatigantes. C'est même la seule possible dans les petites rivières, quand le temps est calme et que l'eau est très claire.

Il faut un petit hameçon très piquant et une ligne très fine, dont le bas doit être composé de trois crins de Florence les plus longs et les plus ronds.

Pour cette pêche, il faut avoir des habits sombres et s'approcher de l'eau comme un voleur, ou ramper comme un serpent. On se cache le plus possible, on s'arrête un moment, on trempe sa mouche dans l'oléagine et on la tient en l'air, au-dessus de l'eau, de manière à l'offrir au premier poisson que l'on voit à portée, pourvu qu'il soit joli. S'il y en a plusieurs, on choisit le plus gros, on lui laisse descendre la mouche, tout doucement, comme si elle volait, devant ou par côté, jusqu'à ce qu'elle touche l'eau. Il arrive très souvent que le poisson ne lui donne pas le temps de tomber et qu'il la prend hors de l'eau.

Si vous ne voyez aucun poisson, laissez doucement tomber, à fleur d'eau, votre mouche, et laissez-la immobile. Pour que votre ligne ne vacille pas, tenez-la avec les deux mains et ayez un point d'appui à la main gauche, une tige quelconque, ou une branche.

Pour peu que le poisson voltige, vous ne tarderez pas d'en voir quelqu'un s'approcher de la mouche et faire un mouvement pour la saisir. Mais soyez prompt, et tirez quand vous verrez ce mouvement.

Vous devez toujours pêcher à l'ombre. Si aucun poisson n'arrive dans dix minutes, levez doucement la mouche et laissez-la retomber de manière à imprimer un petit mouvement sur l'eau. Après l'avoir fait deux ou trois fois, quittez cet endroit et changez de place, si aucun poisson n'arrive.—Changez aussi de place, quand vous en avez pris deux ou trois, ou un gros que vous avez dû faire noyer, parce que les autres sont épouvantés.

L'oléagine se décompose au contact de l'eau, et lui fait faire un mouvement qui attire le poisson, et comme cette odeur lui convient, il saisit la mouche avec avidité.

On en prend toujours à cette pêche que je préfère à la tremblante, pendant le grand jour; et, quand les journées sont favorables, on en prend énormément.

Si l'eau est blanche, un peu trouble, et qu'on ne voie pas de poisson, on fouette un peu l'eau avec la ligne en y jetant l'hameçon, et on promène la mouche dans tous les sens, à un empan, à peu près, de la surface, de manière à ne pas la perdre de vue, et à voir venir le poisson qui va la saisir, afin de tirer aussitôt.

On en prend aussi beaucoup de cette manière, mais pas de très gros.

Pour la mouche immobile, il faut préférer les deux extrémités des gouffres, assez près des gués, où il n'y a qu'environ deux empans d'eau.

Cependant, par de fortes chaleurs, vers le milieu

du jour, à 11 heures du matin, le gros poisson monte au-dessus des grands fonds et se tient caché à l'ombre, sous des arbres ou des broussailles. Si l'on peut y introduire sa ligne, sans être vu et sans faire du bruit, on a la chance d'en prendre de bien beaux.

Mais choisissez un endroit où vous puissiez lever votre ligne, ou bien ayez une épuisette ou petit filet pour y envelopper le poisson. Sans cela, il vous rompra la ligne ou vous échappera.

Cette pêche est principalement bonne dans les mois de juillet et août. On peut la commencer au mois de mai.

Toutes les mouches peuvent servir. Les préféra-bles sont les mouches de cheval, parce qu'elles sont fermes et qu'avec une on peut prendre deux ou trois poissons, les mouches vermineuses, les mouches à miel, les gros taons qu'on prend sur les bœufs de travail, et ces grosses mouches qui vont sucer les fleurs des ronces et les fleurs des mauves.

Ces dernières sont excellentes, mais il faut avoir la précaution de leur enlever le dard en les prenant, non pas à cause du poisson, mais à cause de vous même, pour n'en être pas piqués.

On a des gants de peau pour les prendre, ou bien

on se sert d'un petit chiffon ou d'un brin de papier que l'on tient au bout des doigts.

Aussitôt prises, on leur serre le dard pour le rendre inerte, et on les tient en vie dans une petite boîte; on fait aussi en sorte de ne pas les tuer en les mettant à l'hameçon; il faut les endommager le moins possible.

Si vous n'avez que de petites mouches, mettez en deux, en faisant entrer la pointe de l'hameçon dans la partie la plus grosse de la mouche, c'est-à-dire dans le ventre, et les plaçant de façon que leurs têtes soient opposées. Tâchez aussi de ne pas les tuer.

La petite sauterelle en vie peut aussi remplacer la mouche, de même que les grosses mouches peuvent remplacer la sauterelle, pour la pêche à mi-eau.

Encore la mouche naturelle.

J'ai dit qu'il faut avoir des habits sombres. Le mieux serait d'avoir une blouse verte et une casquette verte, pour être de la couleur des herbes ou des feuilles des arbres.

SECRET.

Pour s'approcher des endroits complètement dé-couverts, où le poisson fuit et se cache dès qu'il vous voit arriver, il faut avoir une branche d'aune artistement arrangée, qui puisse vous bien cacher, et vous la portez devant vous en la tenant de la main gauche. Vous approchez très lentement, et quand vous êtes au point voulu, vous restez immobile un instant, vous regardez par un trou le poisson qui voltige, et vous laissez doucement tomber votre ligne vers celui que vous avez choisi.

On peut aussi se servir d'un parasol vert pour remplacer la branche d'aune. Ce groupe arrivant tout doucement est pris pour un buisson, à cause de l'immobilité que vous gardez, et si le poisson a eu quelque défiance, il se rassure bien vite et reprend ses évolutions. C'est ainsi qu'on le trahit.

Dans les endroits couverts, on se cache dans les massifs ou contre les buissons, et l'on a le soin de tenir devant sa figure une petite branche d'aune.

Avec une branche on trahit aussi le gibier, même les perdreaux, car on en prend beaucoup de cette manière.

Viviers peuplés de tanches ou de carpes.

Il y a des viviers dans tous les châteaux, dans les maisons de campagne, dans presque toutes les fermes, et l'on est embarrassé, très souvent, d'avoir du poisson, quand c'est la chose du monde la plus facile.

De loin en loin, on y fait passer un filet et l'on ne sait que faire du poisson que l'on prend.

Ne vaut-il pas mieux s'amuser à le prendre à la ligne et en avoir un joli plat toutes les fois qu'on le désire, notamment les jours maigres, le vendredi, pendant le carême ?

C'est une ressource très grande et très agréable à la campagne, et cependant combien n'y a-t-il pas de personnes qui ne savent pas en tirer parti ?

Si vous n'avez pas du poisson dans vos viviers, hâtez-vous d'en y mettre, et tenez les carpes seules, dans un vivier séparé.

Si vous avez une eau de source qui alimente vos viviers, vous pouvez y mettre des poissons blancs, des goujons, des barbeaux, et pour que ces derniers s'y plaisent et que la pêche y soit agréable, il n'y a qu'à mettre dans un endroit du vivier deux ou trois tombereaux de gros sable; c'est là que ce poisson se tiendra de préférence, c'est là aussi que vous devrez le pêcher.

Employez pour les tanches les mêmes lignes que pour les goujons, prenez des hameçons plus forts pour les carpes et les barbeaux.

A part les barbeaux et les goujons, vous pouvez y pêcher aussi les autres poissons à mi-eau, et quand ils ne veulent pas arriver, on peut les attirer en fouettant avec la ligne, c'est-à-dire en la rejetant de temps en temps.

Il est bon de promener quelquefois le ver sur l'eau et on le laisse s'enfoncer doucement.

Une bonne méthode, quand la journée est favorable et qu'on pêche à mi-eau, soit dans un vivier, soit à la rivière, c'est d'avoir du blé dans ses poches et d'en jeter de temps en temps 7 à 8 grains sur la flotte. Le poisson n'est pas épouvanté comme si l'on remuait la ligne; au contraire, il court après le blé, et en le cherchant, il aperçoit le ver ou la sauterelle.

Quand on pêche à fond, soit dans les viviers, soit dans les rivières, à l'eau morte, il est bon de remuer la ligne de temps en temps; on lève doucement l'hameçon à un empan de terre et on le laisse retomber.

Si l'on veut pêcher le barbeau avec deux hameçons, il faut les placer à 50 centimètres l'un de l'autre, et de temps en temps, quand le poisson ne dit rien, on lève le premier hameçon et on laisse l'autre à terre.

Les vers bariolés, les vers rouges et les achées, sont excellents pour les tanches et les carpes; mais ce que les carpes dans les vivers aiment le plus, ce sont des boulettes de pain tendre pétri avec du vieux fromage, ou avec du miel, surtout pendant l'automne.

En leur jetant quelquefois des miettes de pain, elles se familiarisent, et quand après les y avoir habituées, on vient les pêcher avec des boulettes pétries avec du fromage, on en prend tant qu'on veut.

Vous ne devez tirer la ligne pour prendre le poisson que lorsque la flotte s'enfonce.

La tanche ne fait pas enfoncer la flotte, et vous devez tirer quand vous la voyez courir à la surface de l'eau; mais vous n'avez pas besoin de vous presser, elle est aussi tenace que le goujon et n'abandonne pas le ver.

10

Quelques bons coups de ligne.

Le soir, pendant l'été, après de fortes chaleurs, et au moment même où vous venez de prendre beaucoup de poissons en pêchant à mi-eau, il arrive tout à coup que vous n'en prenez plus. Vous avez beau jeter la ligne, on dirait qu'il n'y a plus un poisson dans la rivière. — C'est ce qui arrive quand le jour baisse et que la nuit commence à tomber.

Aussitôt vous pliez bagage et vous décampez, c'est ainsi que font tous les pêcheurs.

Cependant, il vous reste encore un moment très favorable que vous ne connaissez pas et que bien peu de pêcheurs connaissent. C'est le moment du crépuscule qui commence à la nuit tombante et finit à la nuit noire.

Quand le jour s'éteint, le poisson ne voit plus la sauterelle à mi-eau. Il faut donc enlever la flotte et promener à fleur d'eau la sauterelle ou une grosse mouche, le long des berges, si vous êtes près de grandes eaux; ou à l'entrée et à la sortie des gouffres si vous y êtes à portée.

A cette heure-là, le gros poisson quitte ses refuges et gagne les grèves planes où il y a peu d'eau, les gués, les abreuvoirs, les lavoirs, tous les lieux enfin où il n'ose pas s'aventurer le jour, et où se trouvent en très grande partie toutes sortes de débris dont il fait sa nourriture.

C'est là aussi que le pêcheur à la ligne volante doit envoyer sa plus grosse mouche artificielle, et dans un instant il peut être indemnisé de tout l'insuccès d'une mauvaise journée.

Mais ce moment si favorable est de bien courte durée. La nuit venue, le poisson ne voit plus la mouche, et il quitte ces plages pour regagner le fond des eaux.

Il en est de même dans les viviers où il y a du poisson blanc.

Oléagine.

J'ai déjà dit à la première page qu'avec toutes les oléagines du monde on ne prendra rien, si l'on ne connaît pas la pêche; mais je dois ajouter qu'elle est un auxiliaire puissant entre les mains de tout bon pêcheur.

Aucun appât dont vous frotterez ou imbiberez

votre hameçon n'a, comme on le croit, la vertu
d'attirer le poisson et de le faire venir de loin. C'est
si peu de chose au milieu de tant d'eau! Il arrive
plutôt parce qu'il voit que parce qu'il sent, et la
pêche à mi-eau a cet avantage qu'elle fait voir au
poisson l'appât qu'on lui présente, et aussitôt qu'il
en approche, l'odeur l'excite à le saisir.

Aux heures où le poisson n'est pas vorace, quand
il a pâturé, on le verra souvent s'approcher de la
sauterelle, aller la sentir, et s'éloigner sans la prendre.
Je l'ai vu tant de fois que c'est ce qui m'a donné
l'idée de composer mon oléagine avec laquelle j'ai
toujours bien réussi.

Cette odeur convient aussi au barbeau. J'en ai pris
plusieurs *à mi-eau*, dans le mois de juillet, avec une
sauterelle trempée dans le flacon. J'en ai pris aussi
à l'entrée des gouffres, laissant traîner la sauterelle
à terre ou près de terre.

Cette oléagine a une très bonne odeur, mais tellement forte qu'elle persiste longtemps sur vos doigts
après vous être bien lavés. Il faut donc la toucher
aussi peu que possible.

C'est pour cela que l'on commence par mettre à
l'hameçon la mouche ou la sauterelle, et qu'on la
plonge ensuite dans le flacon.

QUELQUES SECRETS DE PÊCHE.

Le premier de tous les secrets pour la pêche, c'est de bien se cacher et de connaître le temps favorable; c'est-à-dire de bien connaître les bonnes journées de pêche, page 135.

Carpes. — Barbeaux.

Pour les attirer, il faut faire bouillir du gros son avec de la menthe sauvage et le mêler avec de la farine de maïs et de fèves. Mettez-y du nougat de chanvre réduit en poudre et faites-en des boulettes pour amorcer le poisson.

EXCELLENTE PATE POUR LES BARBEAUX, CARPES, ETC.
page 141.

Autre pâte excellente :

Prenez 12 gram. de fromage de gruyère;—broyez-le, mettez une cuillerée d'huile de cumin et pour un sou d'eau de roses;— faites bouillir le tout à un feu très modéré, dans une assiette, jusqu'à ce que l'huile ait disparu et que cela ne forme qu'une pâte molle.

10*

Amorcez avec cette pâte dans les remous à l'entrée des gouffres. On réussit bien à l'époque des fortes chaleurs, quand le barbeau ne veut plus le ver rouge.

N'oubliez pas que le barbeau ne mord pas au ver rouge pendant l'été, et que ce ver, au contraire, est excellent au printemps et à l'automne.

Pour attirer beaucoup de poissons à l'endroit où l'on veut pêcher.

Prenez du fromage de hollande ou de gruyère le plus vieux, le plus pourri possible. Broyez-le avec de la lie d'huile d'olive, mêlez-y du vin peu à peu, et ajoutez-y de l'eau de roses.

Faites avec cette pâte des boulettes de la grosseur d'un pois et jetez-là dans l'eau pour amorcer le poisson.

Que vous pêchiez à mi-eau ou à la plonge dans une eau dormante ou coulant à peine, jetez de temps en temps près de la flotte quelques grains de blé ou quelques fragments de ver.

Dans les eaux courantes, employez les pelottes garnies d'asticots, ou de petites boulettes comme des pois, selon que vous pêchez avec des asticots ou avec une des pâtes indiquées.

————————

Pour avoir de beaux asticots, ayez quelques petits poissons morts dans un vase vernissé, exposé au soleil, de manière à y attirer la mouche. Quand ils sont formés, on y met du son et on continue d'y placer de nouveaux poissons frais pour nourrir les vers qui deviennent énormes, très blancs et presque sans odeur.

————————

On en met quelquefois deux à l'hameçon. On les enfile par la queue, on perce l'extrémité du dernier avec la pointe de l'hameçon et on la fait rentrer dans le corps.

Pour avoir de bons vers de terre, il faut les faire dégorger; on les met dans un pot rempli de mousse un peu humide et on les y laisse deux ou trois jours. On les conserve dans cette mousse, et pour les avoir meilleurs, notamment pour les anguillères, on les tient dans une boîte remplie de fenouil.

Ce secret du fenouil n'est pas connu, gardez-le pour vous.

————————

Mettez dans une boîte de ferblanc :

2 verres de sang de veau.

10 centimes huile de laurier.

10 c. graisse de héron.

10 c. huile d'aspic.

Faites infuser dans cette composition, les vers, les grillons, etc., etc.

Cerises. — Prunes.

Appâtez le poisson avec des cerises, quand elles sont bien mûres, et le surlendemain, allez pêcher avec une cerise à l'hameçon, vous prendrez beaucoup de poissons et vous n'en prendrez que de jolis.

Vous ferez de même avec les petites prunes blanches; vous réussirez surtout aux endroits de la rivière où il y a des cerisiers ou des pruniers.

TRIPLE HAMEÇON (pêche amusante).

Pour attirer toutes les siéges d'un gouffre, vous n'avez qu'à jeter quelques poignées de blé cuit avec du créton, ou bien avec du nougat de chanvre ou de graine de lin.

On fait ainsi des coups superbes avec l'épervier.

On les prend aussi avec le triple hameçon, on jette le blé dans un endroit où l'on voit à peine le fond, et quand les siéges sont réunies on laisse tomber l'hameçon près d'elles; on tire, et à chaque coup l'on en prend une.

————

Ce triple hameçon peut servir dans bien des circonstances, toutes les fois qu'on voit du poisson aggloméré qui refuse l'appât; toutes les fois qu'on voit un gros poisson endormi ou qui semble l'être, il faut bien se cacher.

Il est composé de trois hameçons liés ensemble, en forme de triangle, la pointe en dehors.

Grenouilles.

La pêche des grenouilles, dans les viviers, est fort amusante. C'est curieux de les voir danser à la corde comme des pantins.

On les prend avec le triple hameçon, pendant les fortes chaleurs, quand elles sont endormies au soleil. On laisse tomber l'hameçon près de la grenouille et l'on tire en l'accrochant par la peau.

Le soir, à partir de 5 heures, on les prend très facilement à la ligne ordinaire, en mettant à l'hameçon une sauterelle ou le gros bout d'un ver en vie; elles sont très voraces et se disputent l'appât qu'on leur présente. Si on ne les voit pas et qu'elles soient cachées sous les berges, promenez votre appât sur l'eau, elles arriveront en foule.

Les dames ne doivent pas les toucher pas plus que les vers. Les cavaliers doivent être assez galants pour leur préparer les lignes.

Ecrevisses.

Une grenouille écorchée, surtout lorsqu'elle est corrompue, est la meilleure de toutes les amorces pour les écrevisses. Mettez-en une dans chaque pêchette. Si vous n'avez pas de grenouille, mettez-y de la viande sur laquelle vous avez laissé tomber quelques gouttes d'oléagine.

Un nègre, en Amérique, prenait tant de poissons qu'il voulait, quand les autres pêcheurs n'en prenaient pas du tout; son secret fut découvert : il amorçait avec des morceaux de grenouille.

Nasse.

Pour prendre du poisson dans les nasses, mettez-y des boulettes préparées avec de l'oléagine, comme pour les goujons.

Carrelet ou filet plat.

Mettez encore de ces boulettes pour prendre du poisson dans les filets plats ou filets carrés. Ne les levez pas trop souvent; on fait de belles prises, le soir, au crépuscule, tout près des gués.

Bouteille à verre blanc

Pour les goujons et autres petits poissons.

On en vend chez les marchands d'ustensiles de pêche.

On la couche sur le sable d'une rivière à 2 ou 3 pieds au plus de profondeur ou à l'entrée des petits gouffres, et on la place de manière à ce que l'ouverture du fond soit tournée du côté où vient l'eau. Pour y attirer bien vite les petits poissons, mettez-y une poignée de son et quelques ablettes, goujons ou vérons que vous prenez à la ligne.

Quand vous videz la bouteille, laissez-y toujours quelques poissons pour la replacer.

Pêche au fusil (chasse).

La pêche au fusil est très agréable et très meurtrière dans les eaux dormantes, vers la Saint-Jean, dans les mois de juillet et août.

Pendant les fortes chaleurs, et surtout par un temps orageux, le gros poisson monte à la surface de l'eau, et se tient immobile, contre les tertres, tout près de ses refuges, à l'ombre de quelqu'arbre ou de quelque touffe d'aunes.

Vous n'avez qu'à vous bien cacher, et vous choisissez les plus beaux.

Mais ce n'est pas tout que de les tirer et de les tuer, il faut aussi ne pas les perdre, et c'est ce qui arrive toujours quand un plomb leur perce le ventre; ils s'enfoncent.

Pour obvier à cet inconvénient, il faut leur tirer sur la tête, en travers, c'est-à-dire sur l'oreille.

Après le coup, le poisson a le ventre en l'air et surnage. On a, pour le prendre, un petit filet au bout d'une gaule un peu forte.

Comme on tire très près, on est sûr de ne pas manquer la tête, et l'on ne met que très peu de poudre, avec du gros plomb n° 1.

C'est une très jolie pêche. Il est seulement fâcheux qu'on ne puisse la faire que pendant les fortes chaleurs.

On réussit à merveille, à onze heures du matin jusqu'à trois heures du soir.

On en tue aussi, mais pas d'aussi gros, le matin au point du jour, et le soir vers le soleil couchant, quand les matinées où les soirées sont très chaudes, très orageuses, et à ces heures-là, c'est près des gués qu'on les trouve. Ils ne restent pas immobiles comme pendant le jour; ils se suivent ordinairement, aussi, il arrive assez souvent qu'on en tue plusieurs à la fois.

Le poisson est toujours plus bas qu'il ne paraît. Si donc vous voulez le tuer d'un coup de fusil, vous devez tirer en dessous, plus ou moins, selon sa profondeur et selon la position où vous êtes.

S'il est à 30 ou 40 centimètres de profondeur, vous devez tirer en dessous, à peu près une fois et demi la longueur du poisson. C'est au *jugé* que l'on tire, et c'est l'expérience qui rend maître.

C'est pendant les fortes chaleurs qu'on fait cette chasse, et l'on tue des saumons, des truites, des brochets, des poissons blancs, qui semblent endormis entre deux eaux; on tue aussi des barbeaux qui remontent la rivière et qu'on voit sur le sable, sur les gués.

On tue de belles truites quand elles fraient, ordinairement huit jours avant et huit jours après la Toussaint, du 20 octobre au 10 novembre.

Sachet.

Pêche d'hiver.

Une des pêches les plus destructives, pendant l'hiver, est celle qu'on fait avec un sachet rempli de...

Comme c'est un moyen qu'on ne peut pas décemment proposer, je l'ai remplacé par un autre meilleur encore, et qui ne porte au nez qu'une odeur agréable.

Il faut diviser du crottin de cheval, l'humecter dans le purin, le mêler avec autant de bouse de vache; mettre à ce mélange pour quelque peu d'oléagine, et en remplir un petit sachet.

On l'attache au bout d'une barre et on l'agite 4 ou 5 fois contre les tertres qui servent de refuge aux poissons, si l'on pêche le matin avec le froid.

De 11 à 3 heures du soir, comme ordinairement la température est plus chaude, et que le poisson quitte ses retraites pour aller glaner au fond de l'eau, il vaut mieux secouer le sachet tout à fait au fond et aux endroits les plus profonds.

Si vous pêchez à fond, il faut que votre hameçon arrive à 10 centimètres de terre, et si vous pêchez contre les tertres, ne donnez qu'une profondeur proportionnelle.

On amorce l'hameçon avec un ver, ou bien avec de la moelle de veau, avec de la cervelle qu'on fait cuire à moitié pour lui donner de la consistance.

C'est une très jolie pêche, même quand il y a de la glace.

Il est à remarquer qu'on ne prend à cette pêche que de beaux poissons. Et qu'on réussit mieux et plus souvent dans les petits gouffres que dans les grandes eaux. On essaie partout.

Si, pendant l'hiver, vous avez un vivier couvert de glace, et qu'il y ait du poisson blanc, allez-y faire un trou, plongez-y le sachet 2 ou 3 fois et pêchez à mi-eau, ne donnant que 40 à 50 centimètres de fond, vous aurez bientôt fait une belle prise.

Je n'ai essayé que pour le poisson blanc, mais je

pense bien qu'il doit en être de même des autres poissons.

Ainsi, je suis persuadé qu'on réussirait très bien dans tous les réservoirs, dans les étangs, dans les canaux couverts de glace.

Il faudrait seulement augmenter le volume du sachet et le proportionner à la masse d'eau.

Pour les goujons, par exemple, je préfère ce moyen aux boulettes dont j'ai déjà parlé, et vous pouvez l'employer dans toutes les saisons.

Au lieu de jeter des boulettes ou de remuer le fond sableux comme je l'ai dit, il vaut encore mieux avoir un sachet et l'agiter à l'entrée de chaque gouffre et dans tous les endroits qu'on suppose favorables.

S'il y a beaucoup de goujons, vous en prendrez étonnamment. Si vous préférez jeter des boulettes, préparez-les avec de l'oléagine, et dans les eaux rapides, outre la terre glaise, mettez une pierre dans l'intérieur de chacune d'elles pour qu'elles s'enfoncent à l'endroit voulu.

Mais soyez bien convaincus que, pour mieux réussir soit avec le sachet soit avec les boulettes, il faut y mettre de l'oléagine, et n'allez pas croire que ce soit une spéculation de ma part.

Je n'ai aucun intérêt à ce que vous en dépensiez peu ou beaucoup.

Au lieu de 5 francs, comme on la vend à Paris, j'enverrai *pour le même prix*, non pas un flacon d'oléagine, mais la manière de la préparer; de sorte que vous en aurez quand vous voudrez, et tant que vous voudrez, et *pour très peu de chose le flacon*.

Envoi *franco*, en timbres-poste, avec l'adresse bien lisible.

Eh! qu'est-ce que c'est qu'une dépense minime pour le plaisir que l'on prend?

Tous les amusements ne se payent-ils pas?

Et ne vaut-il pas mieux dépenser 10 sous et prendre pour deux francs de poissons, que de ne rien dépenser et ne rien prendre?

Et ici, outre l'amusement, n'a-t-on pas le bénéfice?

La pêche est ennuyeuse et insipide quand on ne prend rien.

Mais elle offre de bien grandes jouissances au pêcheur habile qui va se distraire sans se fatiguer; et si les parties de chasse donnent quelque agrément, qu'est-il en comparaison de celui qu'offrent ces fines parties de pêche improvisées par les dames, où l'on se rend en cavalcade et où l'on dîne sur la pelouse, faisant de ces petits repas champêtres assaisonnés par l'appétit, et plus encore par les joies du cœur!

Oui, les dames iront à la pêche, je la leur ai simplifiée au point de faire assaut avec tous leurs gandins, et je leur promets des plaisirs nouveaux, des émotions indéfinissables...; car la pêche à la ligne est la pêche aux émotions :

Emotion quand on voit un gros poisson s'approcher de la ligne;

Emotion toutes les fois qu'on voit la flotte remuer, et surtout s'enfoncer... les yeux s'animent, le cœur bat... il bat à triples croches... on s'imagine tenir un poisson énorme, une carpe magnifique, un requin superbe... on tire vite, et l'on prend... un véron!

Mais les grandes émotions sont celles que l'on éprouve quand on fait noyer un gros poisson. C'est une lutte qui s'engage entre le pêcheur et le poisson, et le pêcheur n'a pas toujours le dessus : la ligne est faible, et le poisson qui veut s'échapper donne des secousses terribles... Je ne vous dirai point ce que l'on éprouve en ce moment de plaisir, de crainte et d'espérance, on ne peut pas le définir, il faut l'éprouver soi-même.

Allez-donc à la pêche, Mesdames, je vous promets des plaisirs inconnus!

Excellente Méthode

(Et ici, je me répète, afin d'être plus précis.)

Appâtez le poisson avec un mélange de blé et d'une grande poignée de l'appât que vous voudrez mettre à l'hameçon :

Gros vers rouges bien purgés, dans la mousse et le fenouil, ou boulettes préparées comme je l'ai dit, avec du fromage.

Pour les vers, coupez-en la moitié par le milieu et laissez les autres entiers, en leur écrasant la tête, un peu d'avance, pour qu'ils ne puissent pas s'en aller.

Choisissez des heures convenables : pendant l'été, le matin de bonne heure, et le soir à 5 heures.

Pendant l'hiver, n'appâtez qu'à 11 heures du matin et toujours dans les grands fonds, surtout dans les petites rivières composées de gués et de gouffres.

Pêchez dans les gouffres. Vous réussirez mieux

dans les petits et dans les moyens, *que dans les grands.*

Quant au sachet pour la pêche d'hiver, pêche par excellence, à part le froid que l'on peut avoir; — si vous ajoutez à la bouse préparée comme je l'ai dit, du pain de suif réduit en poudre, ou du nougat de chanvre ou de lin, ou bien encore, un petit sachet caché dans le grand, le petit rempli de sang caillé et de son pour qu'il absorbe les gouttes de sang qui pourraient tomber et salir, vous êtes assurés d'un succès plus complet.

Autre excellente Méthode.

Si vous pêchez à mi-eau ou à la mouche naturelle, *pour peu que l'eau soit claire,* dormante ou peu rapide, ne vous approchez de la rivière qu'avec les plus grandes précautions, et tout juste ce qu'il faut pour pouvoir insinuer votre ligne, et voir seulement la flotte ou la mouche.

Si vous apercevez un beau poisson qui ne soit pas à portée, que vous ne soyez pas sûr de le prendre en lui jetant la ligne, *ne hasardez pas votre coup.*

Bornez-vous à bien placer votre ligne et à l'attirer, à le faire venir, en jetant près de la flotte une boulette de son mêlé avec de la farine, légèrement mouillés.

Ayez donc toujours, quand vous voulez pêcher ainsi, un petit sachet ou une boîte remplie d'un mélange de son et de farine, mouillés tout juste pour pouvoir jeter des boulettes.

C'est la plus jolie pêche quand on sait bien choisir les journées.

Mais si l'eau est claire, ne bougez pas, ne remuez pas et cachez-vous bien quand vous jetez le son, même quand il est tombé dans l'eau, car le poisson est si défiant, quand il n'a pas faim, qu'il regarde souvent d'où vient l'appât qu'on lui jette ou qui tombe avant de le saisir, et s'il vous voit, n'espérez pas de le prendre.

Cette méthode est bonne dans les eaux convenables, paisibles, je veux dire ni fortes, ni rapides, ni troubles, pour tous les poissons blancs, pour tous les poissons chasseurs, pour tous ceux qui vont à la surface saisir les mouches et les insectes qui tombent.

Notamment pour le poisson blanc appelé chub, cabos, ailé rouge, pour la chevanne ou meunier, pour la truite ordinaire ou saumonée, pour les carpes et les tanches dans les viviers pendant l'été, etc.

OBSERVATIONS PARTICULIÈRES

SUR LA PÊCHE DE LA CARPE.

La carpe est un poisson défiant et rusé; ne vous approchez donc pas des bords de la rivière quand vous pêchez.

On commence la pêche dans les rivières au mois de février; dans les étangs elle ne commence qu'au mois d'avril.

Jusqu'au mois de juin, la carpe mord bien à toute heure de la journée.

De juin à septembre, on en prend peu dans le milieu de la journée, à moins qu'on ne pêche après une petite pluie. Il faut pêcher le matin et le soir.

De septembre au mois de février, on ne doit guère espérer d'en prendre, au moins sans les appâter.

En mars et avril, le ver rouge est le meilleur appât; puis, viennent le blé cuit et les pâtes préparées.

Vers l'automne, de la mie de pain blanc pétrie avec du miel, ou autres pâtes.

Dans les eaux courantes, on peut cacher l'hameçon

dans une boulette de la grosseur d'une noisette, et l'on tire aussitôt que le poisson mord.

Dans les eaux dormantes, laissez sortir un peu la pointe de l'hameçon, et ne vous pressez pas de tirer pour donner à la carpe le temps de s'accrocher, car le plus souvent elle s'amuse à mordiller l'appât.

Appâtez comme je l'ai dit, deux jours de suite, pour pêcher le surlendemain, ou tout au moins, ne manquez pas d'amorcer le fond dès la veille au soir pour aller pêcher le lendemain de bon matin.

La carpe n'est pas également bonne dans toutes les saisons : elle est maigre et n'a pas de saveur à l'époque du frai, pendant les mois de mai et d'août.

Elle est très bonne au mois de mars et avril. Elle se plaît dans les fonds vaseux, près des roseaux, des grandes herbes, près des ponts et des estacades, près des digues mais dans les eaux tranquilles, près des cavités, des tertres profonds.

Les petites carpes courent et voyagent, mais la grosse carpe choisit un gîte et ne s'en écarte guère.

Il faut des lignes très solides, mais aussi peu apparentes que possible, car la carpe est soupçonneuse et si rusée qu'elle est surnommée le renard de la rivière.

Mettez donc une petite flotte à votre ligne et un

nombre de petits plombs proportionné au poids qu'elle peut supporter.

Autres Pâtes.

Pétrissez du bon fromage avec du beurre frais, et mettez-y un peu de safran ou d'ocre rouge.

Très bonne pour tous les poissons blancs au mois d'août et septembre.

Autre pâte plus simple.

Pétrissez une pomme de terre bouillie, toute chaude, avec du beurre frais.

Faites-en des boulettes, amorcez-en l'hameçon.

Une des meilleures Pâtes.

Prenez un petit morceau de mie de pain blanc, tendre, une pomme de terre bouillie, toute chaude, et du beurre frais. — Mettez quelques gouttes d'oléagine et du sucre râpé.

Pétrissez bien le tout, et amorcez avec cette pâte.

CALENDRIER DU PÊCHEUR

(d'après les bons maîtres).

JANVIER.

Brochet, chevanne, cabos ou aile rouge, pendant 4 ou 5 heures de la journée.

FÉVRIER.

Brochet, chevanne, cabos, perche, carpe.

MARS.

Chevanne, cabos, truite, carpe, saumon.

AVRIL.

Saumon, truite, chevanne, cabos, ombre, gardon, brème, barbillons, vandoise, goujons, ablette, éperlan, carpes et tanches.

Pendant ce mois, on pêche dans les remous et les courants.

MAI.

Tous les mêmes poissons, plus l'anguille.

JUIN.

Tous les mêmes poissons. — On amorce avec des asticots ou vers de viande, — avec des boulettes de fromage pour les barbeaux, avec des vers de terre pour les anguilles, avec des vers rouges pour les perches, les carpes et les tanches, avec des petits poissons pour le brochet, avec des sauterelles, du sang caillé, des cerises, pour tous les poissons blancs : cabos, chevanne, gardon et vandoise.

JUILLET.

Les mêmes poissons.—On ne pêche que le matin et le soir.

AOUT.

Encore les mêmes poissons. — On pêche dans les remous et les courants, comme dans le mois d'avril.

SEPTEMBRE.

On peut pêcher toute la journée.

OCTOBRE.

Brochet, perche, chevanne, cabos, gardon, vandoise, goujon.

NOVEMBRE.

Brochet, perche, chevanne, cabos, gardon, vandoise.

DÉCEMBRE.

Brochet, perche, cabos, chevanne.

Pendant tout l'hiver jusqu'au mois de mars, pêche avec le sachet.

TABLE DES MATIÈRES.

Pêche.

CIBLES VOLANTES.

(BREVET D'INVENTION).

Pour apprendre bien vite à tirer au vol, sur cailles, perdrix, etc., etc., j'ai inventé un système de cibles volantes, très utiles aux jeunes chasseurs.

C'est une école de tir au fusil que l'on peut avoir chez soi.

On tire d'abord, comme dans les tirs ordinaires, sur un point fixe, immobile; puis, l'on passe à la cible volante.

C'est un but en blanc qui passe horizontalement, comme le vol d'un oiseau.

On le fait aller si doucement, ou si vîte qu'on veut.

On peut établir ce tir partout : dans un parc, dans un jardin, dans une basse-cour, et même dans une chambre, en se servant de la carabine Flobert (carabine de salon).

C'est une jolie carabine, qu'on charge par la culasse, au moyen d'une grande capsule contenant un gros plomb, et qui fait moins d'explosion qu'une simple capsule ordinaire.

Il ne faut ni plombs, ni poudre, c'est très vîte chargé. — Chaque coup de carabine ne coûte qu'un centime, de sorte qu'on peut tirer 100 coups pour 1 franc.

C'est un grand amusement pour les familles riches, et notamment pour les jeunes dames.

— Ce n'est pas cher.

— On traite par correspondance.

— S'adresser à l'auteur de ce livre.